情報科教育法

改訂3版

久野 靖／辰己丈夫 [監修]

Ohmsha

「情報科教育法（改訂3版）」
監修者・執筆者一覧

監修者	久野	靖	
	辰己	丈夫	
執筆者 （五十音順）	大岩	元	[18, 20章]
	小原	格	[14, 15章]
	兼宗	進	[4, 11章]
	久野	靖	[序章, 7, 10, 19章]
	佐藤	義弘	[15, 16章]
	橘	孝博	[1, 9, 15, 17章]
	辰己	丈夫	[5, 8章]
	中野	由章	[2, 3章]
	西田	知博	[6章]
	半田	亨	[12, 13章]

本書を発行するにあたって，内容に誤りのないようできる限りの注意を払いましたが，本書の内容を適用した結果生じたこと，また，適用できなかった結果について，著者，出版社とも一切の責任を負いませんのでご了承ください．

本書は，「著作権法」によって，著作権等の権利が保護されている著作物です．本書の複製権・翻訳権・上映権・譲渡権・公衆送信権（送信可能化権を含む）は著作権者が保有しています．本書の全部または一部につき，無断で転載，複写複製，電子的装置への入力等をされると，著作権等の権利侵害となる場合があります．また，代行業者等の第三者によるスキャンやデジタル化は，たとえ個人や家庭内での利用であっても著作権法上認められておりませんので，ご注意ください．

本書の無断複写は，著作権法上の制限事項を除き，禁じられています．本書の複写複製を希望される場合は，そのつど事前に下記へ連絡して許諾を得てください．

出版者著作権管理機構
（電話 03-5244-5088，FAX 03-5244-5089，e-mail：info@jcopy.or.jp）

JCOPY ＜出版者著作権管理機構 委託出版物＞

はじめに

◆本書の目的

本書は，情報科の免許取得のために履修が義務づけられている「情報科教育法」の授業用教科書として執筆された．

2章で説明するように，1999年発表の学習指導要領において，高等学校に情報科が新設された．普通教科「情報」には「情報A」「情報B」「情報C」が置かれ，専門教科「情報」には11科目が置かれていた．また，2008年12月には，2013年から実施の現行学習指導要領が発表され，共通教科「情報」には「社会と情報」「情報の科学」の2科目が置かれ，専門教科「情報」には13科目が置かれた（詳細は3章で述べる）．

◆本書の構成

本書は，まず第1部で情報科とは何かについて考察し，続く第2, 3, 4部で情報活用の実践力，情報の科学的な理解，情報社会に参画する態度のそれぞれについての固有の指導法を述べる．また，第5部では情報科の教員を職業として続けていくために必要となる知識などについて詳細に扱う．そして，第6部では，今後の情報（処理）教育に必要な専門知識について述べる．

本書の執筆者らは，大学に所属する情報教育の研究者であったり，あるいは高等学校の教員であるが，全員が大学で情報科教育法を担当しているか，担当経験があり，この領域について専門的な知見を有しており，その立場から本書を執筆した．読者が本書で学んだことを，高等学校のみならず，さまざまな「教育」と「学習」の現場で活用されることを望む．

2016年7月

著者のひとりとして　辰己　丈夫

情報科の免許を取得するには

　大学の教員養成課程で情報科の免許取得を希望するなら，以下に掲げる各分野の単位（「教科に関する専門科目」）を取得し，さらに「教科教育法」の単位も必要である．

◆**情報社会および情報倫理**
　情報化が社会に及ぼす影響，情報倫理などを理解する科目．
　情報化と社会，著作権などの知的所有権，情報モラルなど．

◆**コンピュータおよび情報処理（実習を含む）**
　コンピュータおよび情報処理に関する基本的な知識・技術などを習得する科目．
　ハードウェア，ソフトウェア，アルゴリズム，プログラミング，計測・制御など．

◆**情報システム（実習を含む）**
　情報システムの設計，管理，運用に関する知識・技術等を習得する科目．
　データベース，情報検索，情報システムの設計と管理など．

◆**情報通信ネットワーク（実習を含む）**
　情報通信ネットワークの構築や運用管理，活用に関する知識・技術などを習得する科目．
　通信ネットワーク，コミュニケーション，セキュリティなど．

◆**マルチメディア表現および技術（実習を含む）**
　マルチメディアを活用した表現・処理に関する知識・技術などを習得する科目．
　情報メディア，図形処理と画像処理，マルチメディア表現，シミュレーションなど．

◆**情報と職業**
　情報と職業についての関わり，情報に関する職業人としての在り方などを理解する科目．
　情報化社会の進展と職業，職業倫理を含む職業観と勤労観など．

　これらの他に，情報機器の操作，教育原理，教育心理，道徳に関する科目，教育実習，日本国憲法に関する科目などの履修が必要である．詳しくは，所属大学などに問い合わせて確認をしてほしい．

目　次

序章　情報科教育法とは ───────────────── *1*
　1. 教育はなぜ必要か　　*1*
　2. 情報教育はなぜ必要か　　*1*
　3. 情報科教育法とその必要性　　*2*
　演習問題　　*3*

第1部　情報科とは ─────────────────── *5*

1章　情報科の成立 ───────────────────── *6*
　1・1　情報科設置経緯の概観　　*6*
　1・2　情報科の目標　　*8*
　1・3　情報科の学習内容　　*9*
　　1・3・1　中学校までの学習　　*9*
　　1・3・2　高等学校共通教科での学習　　*9*
　　1・3・3　専門教科「情報」の概観　　*12*
　1・4　他の教科などとの関連　　*12*
　1・5　その他の特記事項　　*13*
　演習問題　　*14*
　参考文献　　*14*

2章　現行学習指導要領における情報教育 ─────────── *16*
　2・1　小学校における情報教育　　*16*
　2・2　中学校における情報教育　　*17*
　2・3　高校における情報教育　　*19*
　　2・3・1　共通教科「情報」　　*19*
　　2・3・2　専門教科「情報」　　*21*
　　2・3・3　新・旧学習指導要領における教科「情報」の変化　　*24*
　2・4　現行学習指導要領とPISA　　*26*
　演習問題　　*27*
　参考文献　　*28*

第2部　情報活用の実践力の指導法 ——————— 29

　第2部の概説　　30

3章　情報活用の実践力の指導法 ——————— 32

　3・1　「情報活用の実践力」　　32

　3・2　「情報活用の実践力」の指導項目　　33

　　3・2・1　課題や目的に応じた情報手段の適切な活用　　33

　　3・2・2　必要な情報の主体的な収集・判断・表現・処理・創造　　33

　　3・2・3　受け手の状況などを踏まえた発信・伝達　　33

　3・3　小中学校における「情報活用の実践力」育成　　34

　3・4　高等学校における「情報活用の実践力」育成　　35

　　3・4・1　「操作教育」と情報活用の実践力　　36

　　3・4・2　動機づけと情報活用の実践力　　36

　　3・4・3　情報を読み解く力と情報活用の実践力　　37

　　3・4・4　問題解決と情報活用の実践力　　38

　3・5　情報フルーエンシーへの昇華　　38

　演習問題　　40

　参考文献　　40

第3部　情報の科学的な理解の指導法 ——————— 41

　第3部の概説　　42

4章　情報の科学的な理解の指導法 ——————— 44

　4・1　情報科学とその指導法　　44

　　4・1・1　情報科学とは　　44

　　4・1・2　情報科学の指導にあたって　　44

　4・2　コンピュータを使わない指導法　　45

　　4・2・1　2進法　　45

　　4・2・2　画像表現　　48

　4・3　コンピュータを使う指導法　　49

　　4・3・1　ソフトウェアとプログラム　　49

　　4・3・2　授業の展開　　51

　演習問題　　52

　参考文献　　52

5章　問題解決とモデル化・シミュレーションの指導法 ―― 54

- 5・1　問題を選定する　　*54*
  - 5・1・1　日常生活に密接な問題の選定　　*54*
  - 5・1・2　数値化できる日常の問題　　*54*
  - 5・1・3　日常生活に密接でない問題の選定　　*55*
  - 5・1・4　問題解決の学習内容と順序　　*55*
  - 5・1・5　モデル化の学習内容　　*56*
- 5・2　モデル化とシミュレーションを授業で取り上げる　　*56*
  - 5・2・1　実際の授業の前の確認作業　　*56*
  - 5・2・2　題材の例　　*57*
- 5・3　まとめ　　*61*
- 演習問題　　*61*
- 参考文献　　*61*

6章　アルゴリズムとプログラミングの指導法 ―― 62

- 6・1　アルゴリズムとプログラミング学習の必要性　　*62*
- 6・2　アルゴリズムとプログラミング指導のポイント　　*63*
- 6・3　プログラミングの指導法　　*64*
  - 6・3・1　順次処理　　*65*
  - 6・3・2　分岐処理　　*65*
  - 6・3・3　反復処理　　*67*
- 演習問題　　*69*
- 参考文献　　*69*

7章　情報検索とデータベースの指導法 ―― 70

- 7・1　情報の整理と検索の必要性　　*70*
- 7・2　情報検索と検索エンジン　　*72*
- 7・3　データの重要性　　*73*
- 7・4　データベースとDBMS　　*74*
- 7・5　関係モデルと関係データベース　　*75*
- 7・6　データウェアハウスとデータマイニング　　*75*
- 演習問題　　*77*
- 参考文献　　*78*

第4部　情報社会に参画する態度の指導法 ―――――― 79

　第4部の概説　　*80*

8章　情報モラル・情報倫理の指導法 ―――――― 82

　8・1　情報モラル・情報倫理とは　　*82*
　　8・1・1　「情報モラル・情報倫理」に対する認識　　*82*
　　8・1・2　扱う内容の階層化（教師が把握しておくべき階層）　　*82*
　　8・1・3　矛盾（ジレンマ）　　*86*
　8・2　指導方法　　*87*
　　8・2・1　情報モラル教育・情報倫理教育　　*87*
　　8・2・2　情報モラル・情報倫理の授業方法の分類　　*88*
　　8・2・3　具体的な授業例　　*89*
　演習問題　　*91*
　参考文献　　*91*

9章　メディアリテラシーの指導法 ―――――― 92

　9・1　メディアリテラシーの概念　　*92*
　9・2　構成されるメディア　　*93*
　9・3　メディアの変化　　*95*
　9・4　メディアリテラシーの教育　　*96*
　9・5　授業の進め方　　*97*
　　9・5・1　準備段階　　*98*
　　9・5・2　出版メディア　　*98*
　　9・5・3　映像メディア　　*99*
　9・6　まとめ　　*100*
　演習問題　　*100*
　参考文献　　*100*

10章　情報通信ネットワークとコミュニケーションの指導法 ―――――― 102

　10・1　コミュニケーションとその構造　　*102*
　10・2　コミュニティと情報社会　　*103*
　10・3　情報通信ネットワークの仕組み　　*105*
　10・4　情報通信ネットワークとセキュリティ　　*107*
　演習問題　　*109*

参考文献　　*109*

11章　情報システムと社会の指導法 ──────── *110*
　11・1　社会における情報システムの役割　　*110*
　　11・1・1　天気予報システムの例　　*110*
　　11・1・2　他の情報システムの例　　*111*
　11・2　生活の中の情報システム　　*112*
　　11・2・1　単体で動く情報システム　　*112*
　　11・2・2　外部と通信して動く情報システム　　*112*
　11・3　情報システムの具体例　　*113*
　11・4　情報システムの社会的な重要性　　*115*
　　11・4・1　情報システムの重要性　　*115*
　　11・4・2　リスクへの対処　　*115*
　11・5　授業の展開　　*116*
　　演習問題　　*117*
　　参考文献　　*117*

第5部　情報科の教員として ──────── *119*

12章　「総合的な学習の時間」との協調 ──────── *120*
　12・1　指導要領における「総合学習」の位置づけ　　*120*
　12・2　どのような授業形態が考えられるか　　*121*
　　12・2・1　コラボレーションとプレゼンテーションの利用　　*121*
　　12・2・2　調べ学習と探究活動──レポートと卒業論文・卒業研究──　　*121*
　　12・2・3　ケーススタディ　　*122*
　　12・2・4　情報機器やインターネット情報の活用　　*122*
　　12・2・5　総合学習における生徒学習状況の評価　　*123*
　12・3　「総合学習」に臨む教員の姿勢　　*123*
　　12・3・1　地域性や学校の事情に即した無理のないプログラムを　　*123*
　　12・3・2　ボーダーレスの時代　　*124*
　　12・3・3　ネットワークが広げる社会的交流　　*124*
　　演習問題　　*125*
　　参考文献　　*125*

13章 コラボレーションとプレゼンテーション，および授業システム改善の動き ———— 127

- 13・1 コラボレーションプログラムの必要性　127
  - 13・1・1 コラボレーション　127
  - 13・1・2 学校教育におけるコラボレーションの動き　128
- 13・2 プレゼンテーションプログラムの必要性　128
  - 13・2・1 プレゼンテーション　128
  - 13・2・2 学校教育におけるプレゼンテーションの動き　129
  - 13・2・3 ポスターセッション　129
- 13・3 プログラム展開において留意すべき点　129
- 13・4 授業システム改善の動き　132
  - 13・4・1 アクティブラーニング　132
  - 13・4・2 反転授業　132
- 演習問題　133
- 参考文献　133

14章 評価の工夫 ———— 134

- 14・1 観点別評価と評価の工夫　134
  - 14・1・1 評価の観点　134
  - 14・1・2 評価規準と評価基準　136
- 14・2 評価の計画と学習指導案　137
  - 14・2・1 年間計画と単元ごとの時間配分　137
  - 14・2・2 単元の評価規準と具体の評価規準　138
  - 14・2・3 指導と評価の計画　139
  - 14・2・4 評価の進め方　140
  - 14・2・5 当日の指導計画　140
  - 14・2・6 観点別評価の総括　140
- 14・3 観点別評価の実際　140
  - 14・3・1 指導と評価の一体化　141
  - 14・3・2 評価計画の適正化　141
  - 14・3・3 授業改善　142
- 14・4 生徒による自己評価，相互評価　142

演習問題　　*143*
　　参考文献　　*143*
15 章　学習指導案の作成 ──────────────── *145*
　15・1　学習指導案の内容　　*145*
　15・2　作成上の注意点　　*146*
　15・3　学習指導案の例　　*147*
16 章　情報科とプレゼンテーション ──────────── *172*
　16・1　プレゼンテーションとは　　*172*
　16・2　プレゼンテーションの方法　　*172*
　16・3　スライドを用いたプレゼンテーション　　*173*
　　16・3・1　目的や内容の整理　　*173*
　　16・3・2　構成の検討　　*173*
　　16・3・3　資料の作成　　*174*
　　16・3・4　リハーサル　　*175*
　　16・3・5　プレゼンテーションの実施　　*175*
　　16・3・6　プレゼンテーションを終えて　　*176*
　16・4　実習としてのプレゼンテーション　　*176*
　16・5　授業におけるプレゼンテーション　　*177*
　16・6　プレゼンテーションのツール　　*179*
　　16・6・1　プロジェクタ　　*179*
　　16・6・2　電子黒板　　*179*
　　16・6・3　書画カメラ　　*180*
　　16・6・4　タブレットパソコン　　*181*
　演習問題　　*181*
　参考文献　　*181*
17 章　授業形式の実習 ──────────────── *182*
　17・1　マイクロティーチングと教壇実習　　*182*
　17・2　実習の概要　　*183*
　17・3　ふりかえりの必要性　　*184*
　演習問題　　*184*

18章 これからの情報教育 ―――――――――――――――― *186*
　18・1　ドラッカーが主張する21世紀の教育　*186*
　18・2　知識のストックとフロー　*187*
　18・3　ブートストラッピング　*187*
　18・4　身体軸としてのキーボード練習　*188*
　　18・4・1　短時間で可能なキーボード練習　*188*
　　18・4・2　キーボード練習の方法　*188*
　18・5　入門教育の重要性と熟練の獲得　*189*
　18・6　プログラミング教育（論理軸）　*190*
　　18・6・1　プログラミング言語の歴史　*190*
　　18・6・2　一般人にとってのプログラミング　*191*
　　18・6・3　日本語とプログラミング　*193*
　　18・6・4　記号論　*193*
　演習問題　*194*
　参考文献　*195*

第6部　情報教育に必要な知識 ―――――――――――― *197*

19章　情報の表現と発信 ―――――――――――――――― *198*
　19・1　情報とデータ，情報量とデータ量　*198*
　19・2　情報とデザイン　*199*
　19・3　ユーザーインターフェイスのデザイン　*200*
　19・4　コンテンツ構成の設計　*201*
　19・5　Webページの論理構造と物理表現　*203*
　19・6　情報システムとしてのWWWの設計　*205*
　演習問題　*206*
20章　ソフトウェア制作から見た情報教育 ――――――――― *208*
　20・1　専門教科「情報」から見た情報技術教育　*208*
　20・2　プロジェクトとして見たソフトウェア開発　*208*
　　20・2・1　プロジェクト活動の教材としてのソフトウェア開発　*208*
　　20・2・2　要求分析，仕様作成，設計，実現，評価　*209*
　20・3　見たこともないものを作る難しさ　*209*
　20・4　お絵かきプログラム開発演習　*211*

20・4・1　表現と解釈の難しさを体験する演習　　*211*
20・4・2　「お絵かきプログラム開発演習」とは　　*211*
20・4・3　プロジェクトのプロセス　　*211*
20・5　ソフトウェア開発の実際　*213*
20・5・1　要求分析から仕様作成へは図解が有効　　*213*
20・5・2　設計には状態遷移図が有効　　*213*
20・6　指導設計（ID）　*215*
　演習問題　*217*
　参考文献　*217*

索　引 ———————————— *218*

―― コ　ラ　ム ――

マウスとキーボード　*53*
KJ法　*101*
共有フォルダ（共有ディレクトリ）　*126*
PC教育の設計　*171*
コンピュータのセキュリティ　*185*

序章 情報科教育法とは

　この本の最初の章では，そもそも「情報科教育法」とは何なのか，なぜ，これを学ぶことが必要なのかについて整理しておくこととしたい．

1. 教育はなぜ必要か

　人類は今日の地球上において，最も優位な地位を占めている生物である．「百獣の王」と呼ばれるライオンですら，その多くが人間の手でサファリパークや動物保護区などに閉じ込められ，（ライオンたちはそうは思っていないかも知れないが）細々と暮らしている．人間はライオンのように強くはなく，鳥のように空も飛べず，魚のように泳ぐこともできないのに，なぜ，今日のような隆盛を迎えることができたのだろうか．

　その理由の一つは，人間の頭脳が他の動物より大きな容量を持つに至ったことによる．大きな脳で，より多くのことを記憶し考えることができる．しかし，それだけではない．人間が言語を持ち，それを通してある世代が獲得した知識や知恵を，次の世代に伝えて蓄積していけるようになったことが重要なのである．いま，われわれが接していて，その恩恵を被っている科学技術や芸術文化も，われわれの祖先による長い間の試行錯誤や努力が積み重なって，われわれの世代まで伝わってきたものである．

　言い換えれば，われわれが人間でありうるのは，祖先が多くの労苦とともに生み出してくれた蓄積を受け取って，役立てる努力を続けているからだといえる．つまり，祖先の蓄積を次の世代に伝える教育こそが，今日の人間社会を人間社会にしているのであり，その重要性はいくら強調しても強調しすぎることはない．

2. 情報教育はなぜ必要か

　次に，情報教育はなぜ必要かについて考えてみよう．

今日は情報社会であり，情報に多くの価値が置かれている．例えば，自室に居ながら世界中の多くの情報に接することができ，自らも多くの情報を発信し，さまざまな人々とコミュニケーションをとることができるようになった．つまり現代は，情報の重要性が，以前と比べて高まっていると考えることができる．この変化は情報技術の発達によって起きたことである．コンピュータの発達により，情報は単に遠隔地まで高速で伝達できるようになっただけではなく，特定の誰かが記述した手順に従って蓄積・加工され，混合・分配などの手続きを経ながら，多くの人々の手元に届けられるようになっている．

人間は言語を利用してコミュニケーションをする．そして，その内容によって実世界での体験と同じように幸せにも不幸にもなる．今日，このように人間生活に大きな影響を持つ情報と情報技術について，知らないままで過ごすことはとても危ういことであり，自分の人生を他の誰かに委ねていることと同じである．

今日の情報技術によって情報に対してどのようなことが可能であり，また現に行われているのか，情報とどのようにつき合い，どのように発展させていくべきなのかを知ること，あるいは考える能力を持つことが，次世代の情報社会を担う人たちにとって必須のことである．そして，この能力を養うことこそが情報教育の目標であり，このためにこそ情報教育が必要なのだといえる[*1]．

3. 情報科教育法とその必要性

教育が先人の知恵や知識を次世代に引き継ぎ，人間を人間たらしめる手段であるとして，それを効果的に行うための知恵や知識もまた存在する．それが「教育法」である．その中でも情報教育，とりわけ高校の情報科を中心とする範囲を対象とするものが「情報科教育法」である．

人間が次の世代に引き継いでいかなければならない知恵や知識の総体は，急激に増え続けているにもかかわらず，それを学ぶ時間は増えない．この限られた時間をむだにせず，児童・生徒・学生たちが情報社会の迷子とならないように，その任にあたる教師は，先人の知恵によってできるだけ有効だとわかっている内容を伝えていく責務がある．

また，教師が伝えたいことを正確に表現しても，そのとおりに生徒に伝わらな

[*1] 決してアプリケーションソフトを使いこなす技能を育むことが目標なのではない．もちろん，情報教育の一環としてこれらの技能を扱うことは否定しないが，目標ではない．

いことがある．同じことを教え学ぶにしても，使用するメディアの違い，学ぶ順序，興味を持って学べるようにする工夫などにより，さまざまな変化が生じる．さらに，教師が生徒に伝えた内容が，意図どおりに伝わっているのかを調べ，その学習活動や授業を評価することも必要である．これらには，すべての教科に共通する項目と，「情報科」に固有な項目がある．そして，そのこともまた知恵や知識として教育の対象になっている．

　情報技術や情報社会の急速な発展のため，「情報科教育法」についてはその総体がまだ十分成熟していないという点は否めない．それでも，これまでに蓄積されてきた有益な理論や実践経験は間違いなく存在し，それを土台にした情報教育の有効性についても実証されている．本書の執筆者らは，そのように確信している．その具体的内容は次章以降を見て欲しい．ただし，それらを学ぶ際にも，冒頭で述べてきた根源的な問いとその答は，つねに頭のどこかにとどめるべきである．

演習問題
問 1　情報教育に対して懐疑的な人を相手に，その必要性について説得してみよ．

第1部
情報科とは

　21世紀になって情報科が高等学校に導入されたことは，時代の要求であったといえる．それは，さまざまな方面からの先進的な提言と大胆な計画のもとに進められ，1999年に告示，2003年から実施された学習指導要領によって具体化された．英語科，数学科などの既存のどの教科にも担当できない新しい学習分野を担うという高い理念のもとに，全国の高等学校に情報科が導入された．

　第1部では，「情報科の成立」と「現行学習指導要領における情報教育」と題して2章構成とし，情報科の由来と構造を詳しく説明していく．

　情報科は新しい教科であるので，他教科とは異なった特徴を数多く持っている．情報科の教員を志望する人たちは，その特徴をよく理解し情報科の方向を定めなければならない．他教科と比べて情報科は誕生間もない．そのために，さまざまな混乱や不完全な点を含んでいるという批判も聞かれる．もしそうならば，情報科教員を目指す人たちには，第1部の内容を熟読して情報科についてよく理解して欲しい．特に2009年（平成21年）に学習指導要領が告示され，それまでの学習内容の継続する部分と改編される部分が出てきた．この点も第1部の中で詳解しているので，注意深く読み進めて欲しい．

1章 情報科の成立

　高度情報通信社会の進展に伴い，2003年度から高等学校に情報科が導入された．それを担当する教員については，2000年から2002年にわたって現職教員を対象とした講習会が行われ，全国で約9000名の情報科教員が誕生した．さらに大学の教職課程でも，2001年度から情報科教員の養成が行われている．

　本章では，情報科誕生の経緯，情報科の基本的性格や科目構成，情報科担当にあたって留意すべき点などをまとめる．2008年度告示の学習指導要領に基づく情報科については，2章で詳解する．

1・1　情報科設置経緯の概観

　学習指導要領は，これまで約10年ごとに改訂されてきた．高等学校に情報科が導入されたのは1999年告示（2003年度から実施）の学習指導要領からであるが，それ以前のものに情報機器の利用に関する記述が全くなかったわけではない[1]．高等学校の学習指導要領を見てみると，すでに1980年以前に電子計算機が登場している．たとえば，数学に「電子計算機と流れ図」「論理回路」「数値計算と誤差」などの学習項目があり，電子計算機は主としてプログラムを組んで計算をさせる道具として利用された．1989年告示の学習指導要領から電子計算機はコンピュータと呼ばれるようになり，いくつかの教科でコンピュータの活用が促されている．例えば，数学でのプログラミング初歩の学習や，理科実験での数値処理やデータ解析および情報の検索など，コンピュータを適宜活用することが「配慮する事項」としてあげられている．このコンピュータ利用はクロスカリキュラム，つまり教科横断型で促されたが，それらは有機的に統合されたものではなかったため，数学や理科などの授業の一部で使うだけで，教科間の連携を考慮しない場当たり的な用い方であった．そのために，総合的・汎用的な活用にならず，担当教員の恣意に任された．学校現場における貧弱なコンピュータ施設の状況やインターネッ

トの普及が十分でなかった背景もあり，コンピュータ利用が教育現場に定着しなかった．

そのような反省から，中央教育審議会一次答申［1996年7月］，教育課程審議会（中間まとめ）［1997年11月］などで系統的で体系的な情報教育の必要性が積極的に主張されるようになった．そこでは「情報リテラシー」の育成および情報機器や情報通信ネットワーク（いわゆるインターネット）環境の整備などが説かれている．特に，1997年10月の「情報化の進展に対応した初等中等教育における情報教育の推進等に関する調査研究協力者会議」の第一次報告では，以下に述べるような形で情報教育の目標を整理し，情報教育のカリキュラムの体系化を図ることが提言された．この報告では，情報教育に特化した教科，つまり情報教育を専門に扱う独立教科としての普通教科「情報」の設置が提言されている．しかも，それを高等学校で必履修にするという提言である．

一方，専門教科「情報」のほうは産業界からの強い要請を背景として，理科教育および産業教育審議会で議論されてきた．例えば，その答申「今後の専門高校における教育の在り方等について［1998年7月］」では情報技術者の育成が従来の「工業」「商業」などの枠組みでは十分に対応できなくなっている現状を踏まえて，これからの高度情報化社会を支える人材確保のため，専門教育に関する教科「情報」を必修の教科として設置する必要性が説かれている．

その後，2001年には内閣に「高度情報通信ネットワーク社会推進戦略本部（IT戦略本部）」が設置され，日本全体の多分野にわたって情報通信に関する新たな改革が推進されている．そこではe-Japan計画，IT新改革戦略，重点計画などいろいろな計画が立案され実行されている．その守備範囲は地方行政，医療福祉，運輸交通，通信放送，経済社会，人材育成など非常に多岐にわたっている．教育に関する分野も対象になっており，例えば最近では学校におけるIT基盤の整備，教員のIT活用能力・指導力の向上，効果的な学習コンテンツの充実，児童生徒の情報活用能力の向上，などが推進されている．

以上のような経緯の中で，1999年告示の学習指導要領から普通教科および専門教科の両方に，それぞれ新しい教科として情報科が導入された．コンピュータの性能向上とインターネットの普及に支えられたICT（Information Communication Technology）社会の進展の中で，学校教育におけるコンピュータは，計算機能だけでなく通信機能も持ち合わせた情報通信機器として認識され，学校教育での役

割は飛躍的に広がった．特に，学校教育において情報通信機器が意識的に扱われるようになったことの意義は大きく，インターネット会議などで国内だけでなく国外の学校との生徒交流も増えた．これにより，一つの教室にとどまる授業でなく，外への意識を持った授業展開がなされ，教授法や授業の質の変化をもたらすこととなった．

1・2 情報科の目標

高等学校に情報科が導入されたのは1999年告示の学習指導要領からであることはすでに述べた．普通教科（後の共通教科）と専門教科の情報科の目標を，その学習指導要領から引用してみよう[2)][3)]．

- **普通教科「情報」の目標：**
  情報及び情報技術を活用するための知識と技能の習得を通して，情報に関する科学的な見方や考え方を養うとともに，社会の中で情報及び情報技術が果たしている役割や影響を理解させ，情報化の進展に主体的に対応できる能力と態度を育てる．
- **専門教科「情報」の目標：**
  情報の各分野に関する基礎的・基本的な知識と技術を習得させ，現代社会における情報の意義や役割を理解させるとともに，高度情報通信社会の諸課題を主体的，合理的に解決し，社会の発展を図る創造的な能力と実践的な態度を育てる．

これらの目標の違いを整理して，理解する必要がある．つまり，共通教科では情報社会に対して「主体的に対応」できる能力を育てることに力点が置かれ，専門教科では情報社会を「実践的に創造」する能力と態度を育てることに力点がある．これらの目標を見れば，ワープロソフトや表計算ソフトなど市販のコンピュータソフトを単に使いこなすことだけを目標とした授業や，これまで机上で行っていた数学のドリル問題をコンピュータ化するような授業が情報科の授業でないことがわかる．また，コンピュータの構造を高度に教える電子工学的な授業や，情報関連の資格をとらせるための授業が情報科の授業でないことも，明らかである．

共通教科の目標は，その内容が三つの部分に分かれている．キーワードで分類すれば「情報及び情報技術の活用」「科学的な見方や考え方」「情報化の進展に主体的に対応できる能力」である．これらは先述の「調査研究協力者会議」が使っ

た表現では，それぞれ「情報活用の実践力」「情報の科学的な理解」「情報社会に参画する態度」とまとめられている．1999年告示の学習指導要領では，これら3目標の扱いに強弱をつけて普通教科の3科目「情報A」「情報B」「情報C」が用意され，専門教科での科目もできた．ここに述べた情報科の3目標とこれらの科目について次節で分析してみよう．

1・3　情報科の学習内容

1・3・1　中学校までの学習

　高等学校入学前の小学校や中学校の授業でも情報機器を活用する学習が進んでいるが，特に総合的な学習の時間では，国際理解，情報，環境，福祉，健康などが文部科学省により取り扱う例としてあげられたため，情報機器と情報通信ネットワークを活用してこれらのテーマでいわゆる「調べ学習」を行わせる学校が多い．そして調べた内容を児童生徒にプレゼンテーションさせて学習内容の定着を図る場合も多く，コンピュータ，プレゼンテーションソフトウェア，プロジェクタおよびスクリーンは学校現場での必需品となっている．総合的な学習の時間だけでなく中学校での数学科，理科などで表計算ソフトウェアの活用があり，さらに技術・家庭科の技術分野で，問題解決のために情報機器や情報通信ネットワークを用いた授業が進められている．

　高等学校入学前に情報処理に関してどのようなことを学んできたか，または，どのようなことができるかを調べてみると，「Webページ検索」「電子メールの送受信」「ワープロソフトウェアの活用」は多くの生徒が，できると答える．そして，高等学校で学びたいこととして，「グラフィックスソフトウェアの使用」「プログラミング」「Webページ作成」などがあげられる．

1・3・2　高等学校共通教科での学習

　「情報活用の実践力」を養成する授業では，自分で設定した問題や選択した問題の解決手段を考えさせ，その方法の一つとしてコンピュータや情報通信ネットワークを活用することを学ぶ．また，データベースやさまざまなコンピュータ機能の活用を通して，いろいろな形の情報を統合的に処理することも学ぶ．さらに，Webページでの情報発信やプレゼンテーションも行う．特に留意したいのは，コ

ンピュータや情報通信ネットワークを用いないという選択肢も含めて，課題の性格や目的に応じて適切な方法で情報収集を行わせることである．このような学習活動で，社会に流通している情報の信頼性や信憑性，情報化の進展が社会に及ぼす影響などを考えさせ，情報社会に生きる基本的な力を養うことを目指す．これは 1999 年告示の学習指導要領で科目「情報 A」として位置づけられた．そこでは年間授業時数のうち 2 分の 1 以上が実習に充てられている．

　次に，「情報の科学的な理解」の授業では，コンピュータによる情報処理，アルゴリズム，コンピュータ言語などを扱う．コンピュータの構造や機能を科学的に見ることで情報処理の特徴を理解させ，より適切な情報処理ができるようにする．また，コンピュータ社会を支えている科学技術について分析し，そのあり方などを考えさせることを通して，情報社会に参加する科学的な態度を養う．ここでの特徴的な内容は「モデル化とシミュレーション」であり，よく取り上げられるのが「最適化問題」「待ち行列」「モンテカルロ法」などである．まず，解決すべき問題における本質を表すモデルを作成し，情報を数値化する．そして自作プログラムか市販ソフトウェアを利用してシミュレーションを行う．この一連の作業を通じて情報処理の特徴をつかむ学習がなされる．この分野は 1999 年告示の学習指導要領で科目「情報 B」として位置づけられた．そこでは年間授業時数のうち 3 分の 1 以上が実習に充てられている．

　最後に，「情報社会に参画する態度」の授業では，他者とのコミュニケーションを題材とし，情報社会に参加する態度を育成する．そのとき，情報を画像や音声で表現する方法も学ぶ．情報のディジタル化の仕組み，情報通信ネットワークの仕組み，情報セキュリティの確保などについても学ぶ．この学習を通して，コミュニケーション手段としてのコンピュータソフトウェアや通信手段を適切に活用できるようにする．ここで特に留意したいのは，情報社会における「光と影」や情報格差の問題である．情報化社会ではすべての人が情報の発信者であり，同時に受け手であることを理解させて，情報社会が抱える複雑な問題と，情報発信者としての責任を考えさせる．また，障害者に対する情報発信時の配慮について考えることも大切である．さらに，ネットワークへの不法進入者からシステムを守るための個人識別やデータの暗号化についても学習することができる．この分野が 1999 年告示の学習指導要領で科目「情報 C」として位置づけられた．そこでは年間授業時数のうち 3 分の 1 以上が実習に充てられている．

情報科の教師としてつねに考慮すべき点は，生徒が「情報活用の実践力」「情報の科学的な理解」および「情報社会に参画する態度」の3観点をバランス良く学べるように授業内容を組むことである．

図 1·1 に示すように，これらの3観点は多くの共通点を持ちながら，それぞれウェイトの置き方が異なっている．3観点「情報活用の実践力」「情報の科学的な理解」「情報社会に参画する態度」を具現化した科目，情報 A, 情報 B, 情報 C が全国的にどのような割合で実施されていたのかを図 1·2 に示した．徐々に減少してはいるが，情報 A が圧倒的に多く採択されていることがわかる．

2008 年度告示の学習指導要領では，学習内容が整理統合されて「社会と情報」「情報の科学」の2科目になった．それらの中では，情報 A と情報 C の流れを汲む「社会と情報」の方が圧倒的に多く採択されているという調査結果がある．これら2科目の特徴などについては2章で解説する．

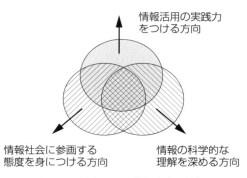

図 1·1　情報科での学習内容の特徴

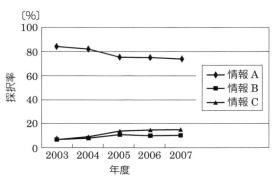

図 1·2　情報科教科書採択率

1・3・3 専門教科「情報」の概観

プログラマやネットワーク技術者の数は，日本では非常に不足している．このような情報関連の技術者不足は，現在の日本の社会構造や産業構造にも起因するが，職業人教育と人材育成の方法にも原因があると考えられる．

専門教科の「情報」では，情報社会に貢献できる人材を育てることが大きな目標である．この専門教科の「情報」での学習項目は，技術者の養成を目指しているために細分化され，より深い学習が要求されている．また，多くの実習時間を確保することが求められている．ただし，実習はコンピュータの前で作業するだけでなく，課題の解決方針をグループで議論させたり，結果を発表して皆で討論するというような時間も含んでいる．また，実習においては共通教科でも安全に配慮することが大切であるが，専門教科では実習内容がより高度になる場合が多いので，特に施設や設備の安全性を確保して，事故が起きないように十分に注意する必要がある．残念なことに，専門教科の情報科目はその広さと高い専門性のためか，まだ十分な種類の教科書が出版されていないのが現状である．それらの科目を実施している学校では，担当する教員が創意工夫して独自の教材を作成して授業を進めている．

1・4 他の教科などとの関連

情報科と他の教科および総合的な学習の時間との関連について考察しておこう．

まず，情報教育を情報科だけが担うと考えてはならない．情報科以外の他の教科や総合的な学習の時間でも積極的に情報機器の活用を行い，生徒があらゆる場面で総合的にその能力を養うことができることが理想である．学習指導要領でも各教科に関する記述の中で，教育効果を高めるためにコンピュータなどの情報機器を積極的に活用していくことが推奨されている．情報教育を情報科だけに任せるのではなく，全教科で責任を負うという意味である．つまり，情報科に対して制限を設けているのではなく，他の教科にも情報教育に積極的に参画することを求めているということである．そのために，他の教科や総合的な学習の時間との連絡を密にし，他教科で必要な情報処理能力を情報科でできるだけ早く生徒が身につけるようにする，などの工夫が必要である．

さらに，1999年告示の学習指導要領では情報科に対して次のような記述があ

る．それは「中学校の学習の程度を踏まえるとともに，情報科での学習が他の各教科・科目等の学習に役立つよう，他の各教科・科目等との連携を図ること．」である．例えば，情報科科目の履修年次も他教科や総合的な学習の時間との連携で考える．卒業までに2単位とるとして，「1年次で1単位，2年次で1単位配当」「1年次で2単位配当」など，学校の実情に合わせた形が考えられる．つまり，情報科は他の教科および総合的な学習の時間に有効な情報処理能力を提供するという考え方が土台にあり，学校生活の中で生徒が使う情報処理能力の基礎を押さえて学ばせることも情報科の役割になる．

1・5 その他の特記事項

最後に，高等学校で情報科の授業を行うにあたって特徴的なことがらを，いくつか列挙しよう．

まず，パソコン検定，Webページ作成コンテスト，プレゼンテーションコンテスト，プログラミングコンテストなどの各種コンテストが，学外で盛んになっている．これらを生徒の学習意欲の動機づけやクラブ活動などでも利用したい．次に，障害者に対する配慮も大切である．ユニバーサルデザイン（UD）とは何か，障害者はどのようにしてコンピュータ操作をしているかを学ばせる．視覚障害者もソフトウェアを駆使してWebページを「見ている」ことや，肢体不自由者はキーボードの代わりに呼気スイッチなどを使っていることも理解させる．

さらに，著作権法や個人情報保護法など情報モラルについても学習させる必要がある．実はこの分野は，生徒たちに最も人気がない学習内容の一つなのであるが，高度情報通信社会でのプライバシー保護や情報発信の責任などを学習しておく必要がある．これに関連して，情報社会の「影」の部分に目を向けさせる授業も展開する．学校裏サイト，2ちゃんねる問題，Web上の「炎上」，ネットワークへの不法アクセス，スパムメール，ストーカーメール，ネットオークション詐欺，ワンクリック詐欺，フィッシング詐欺などについて授業で言及する．これに関連して，生徒が多用している携帯電話やスマートフォンの現状を教員はよく把握（図1・3）して，生徒がネット犯罪の被害者や加害者にならないように，適切な指導を行う必要もある．そして，近年のさまざまなSocial Networking Service（SNS）が，生徒達の生活にどのように影響を与えているのか，分析し考察する能力も教員に求められる．

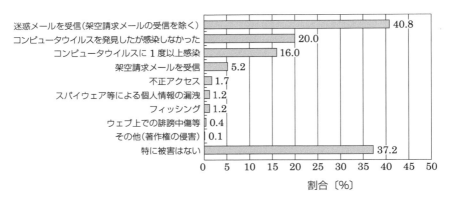

図 1·3　世帯におけるインターネット利用に伴う被害経験[4]

　また，現在いくつかの大学では，情報科を入試科目にしているが，授業ではそのことにも触れ，受験希望者には対策を講じなければならない．そのために毎年の試験内容やレベルを確認しておく必要がある．

　以上のように，情報科での学習内容は多岐にわたる．そのため，情報科教員は情報教育に対する広い視野を養い，情報機器の進歩や絶えず変化する情報社会に関心を持ちながら，それらの発展を考慮した教材研究に努力してほしい．

演習問題

問 1　「高度情報通信ネットワーク社会推進戦略本部（IT 戦略本部）」でどのような計画が進んでいるか確認する．特に教育分野での目標とその達成度を調べよ．

問 2　いろいろな高等学校の Web ページを閲覧して，特色ある情報教育を試みている学校の取組みをまとめてみよ．

問 3　障害者用のユーザーインターフェイスにはどんなものがあるか調べてみよ．

参考文献

1)　国立教育政策研究所　https://www.nicer.go.jp/guideline/
2)　文部省告示　高等学校学習指導要領（平成 11 年 3 月），大蔵省印刷局
　　高等学校学習指導要領解説　情報編（平成 12 年 3 月），開隆堂出版株式会社

3) 文部科学省　http://www.mext.go.jp/
4) 情報通信白書（平成 20 年版），総務省

2章
現行学習指導要領における情報教育

　ここでは，教科「情報」が，2008年度告示の現行学習指導要領でどのように変更されたかという観点から，その概要を見てみる．それに先立ち，初等・中等教育における情報教育を体系的に俯瞰するため，まず，小学校と中学校における情報教育を紹介する．それを受けて，高校において教科「情報」がどうあるべきかを考え，最後に，このような流れを生むことになった国際的潮流についても触れる．

2・1　小学校における情報教育

　小学校における情報教育は，特にそれに特化した教科があるわけではなく，「総合的な学習の時間」を中心に全教科を通して，コンピュータなどの情報機器を手段として，情報活用の実践力をはぐくむことが期待されている．

　2007年度に告示され2011年度から実施された小学校学習指導要領の第1章総則における「指導計画の作成等に当たって配慮すべき事項」で，現行学習指導要領では，次のように記述内容が変更されている．

> 　各教科等の指導に当たっては，児童がコンピュータや情報通信ネットワークなどの情報手段に慣れ親しみ，コンピュータで文字を入力するなどの基本的な操作や情報モラルを身に付け，適切に活用できるようにするための学習活動を充実するとともに，これらの情報手段に加え視聴覚教材や教育機器などの教材・教具の適切な活用を図ること．

　1999年告示学習指導要領との大きな違いは「コンピュータで文字を入力するなどの基本的な操作」と「情報モラル」について明記されたことである．コンピュータの基本操作，すなわち「コンピュータリテラシー」を小学校段階で習得させることと，児童・生徒を巻き込んだ情報通信ネットワークを使った反社会的行為の増加を受けて「道徳」などの時間にこだわらず，全教科において「情報モラル」教

育を推進するように求めている．

　また，「総合的な学習の時間」について，1999年告示学習指導要領では第1章総則の中の1節に過ぎなかったものが，現行学習指導要領では第5章すべてを使った記述になっており，時間数は削減されたものの，総合的な学習の時間がよりその重要性を増していることがわかる．その中で，総合的な学習の時間の「内容の取扱いについては，次の事項に配慮するものとする」として，次のことが示されている．

> 情報に関する学習を行う際には，問題の解決や探究活動に取り組むことを通して，情報を収集・整理・発信したり，情報が日常生活や社会に与える影響を考えたりするなどの学習活動が行われるようにすること．

　これは，1999年告示学習指導要領にはない記述であり，「問題の解決」や「探究活動」という総合的な学習活動において，「情報を収集・整理・発信」するという情報活用の実践力，「情報が日常生活や社会に与える影響」を考えたりするという情報社会に参画する態度についても学習させるよう求めている．これらは，従来，中学校の「技術・家庭」や高校の「情報」で規定されていた内容である．

2·2　中学校における情報教育

　中学校における情報教育は，主に「技術・家庭」において扱われている．「技術・家庭」は，技術分野と家庭分野に分けられる．ここでは，その技術分野の中の情報に関する部分を見てみる．

　現行学習指導要領における技術分野は，次の二つから構成されている．

　A　技術とものづくり
　B　情報とコンピュータ

さらに，「B　情報とコンピュータ」の内容は次のようになっている．

> (1) 生活や産業の中で情報手段の果たしている役割について，次の事項を指導する．（略）
> (2) コンピュータの基本的な構成と機能及び操作について，次の事項を指導する．（略）
> (3) コンピュータの利用について，次の事項を指導する．（略）
> (4) 情報通信ネットワークについて，次の事項を指導する．（略）

> (5) コンピュータを利用したマルチメディアの活用について，次の事項を指導する．（略）
> (6) プログラムと計測・制御について，次の事項を指導する．（略）

　この中で，(1)〜(4) はすべての生徒に履修させるものとし，(5) と (6) は選択することができるものとした．すなわち，情報社会に参画する態度と，情報活用の実践力についての指導を重点的に行うこととなっている．マルチメディアや，プログラミングと計測・制御については，選択項目であるため一部の生徒しか中学校では履修できないことになる．

　一方，2007 年度に告示され 2012 年度から実施された現行学習指導要領における技術分野は，次の四つから構成されている．

　A　材料と加工に関する技術
　B　エネルギー変換に関する技術
　C　生物育成に関する技術
　D　情報に関する技術

この中で，「D　情報に関する技術」の内容は次のようになっている．

> (1) 情報通信ネットワークと情報モラルについて，次の事項を指導する．
> 　ア　コンピュータの構成と基本的な情報処理の仕組みを知ること．
> 　イ　情報通信ネットワークにおける基本的な情報利用の仕組みを知ること．
> 　ウ　著作権や発信した情報に対する責任を知り，情報モラルについて考えること．
> 　エ　情報に関する技術の適切な評価・活用について考えること．
> (2) ディジタル作品の設計・制作について，次の事項を指導する．
> 　ア　メディアの特徴と利用方法を知り，制作品の設計ができること．
> 　イ　多様なメディアを複合し，表現や発信ができること．
> (3) プログラムによる計測・制御について，次の事項を指導する．
> 　ア　コンピュータを利用した計測・制御の基本的な仕組みを知ること．
> 　イ　情報処理の手順を考え，簡単なプログラムが作成できること．

　1999 年告示学習指導要領とは異なり，すべての項目を生徒に履修させるものとした．1999 年告示学習指導要領で必履修だった (1)〜(4) は，コンピュータリテラシー

については小学校へ移し,「情報通信ネットワーク」と「情報モラル」に焦点を絞っている.また,マルチメディアやプログラミングと計測・制御も必修となった.

しかし,情報に関する時間は大幅に削減されることになった.「技術・家庭」の授業時数は,1年次70時間,2年次70時間,3年次35時間,合計175時間となっている.これを技術分野と家庭分野で半分にし,それを1999年告示学習指導要領ではさらに二分,現行学習指導要領では四分したものが,情報に関する指導に充てられる.つまり,1999年告示学習指導要領では $175 \div 2 \div 2 \fallingdotseq 44$ 時間,現行学習指導要領に至っては $175 \div 2 \div 4 \fallingdotseq 22$ 時間しか確保できない.これだけの時間で,この内容を指導するには,相当な困難がある.

2·3 高校における情報教育

高校における情報教育は,教科「情報」が中心となって担当する.教科「情報」には,共通教科と専門教科がある.

2·3·1 共通教科「情報」

1999年告示学習指導要領では,情報活用の実践力に重きを置いた「情報A」,情報の科学的な理解に重きを置いた「情報B」,情報社会に参画する態度に重きを置いた「情報C」の3科目から,1科目以上を履修することとなっていた.

しかし,全国の約3/4の高校が「情報A」を必履修に指定してしまい,きわめて少数の学校にしか「情報B」「情報C」は開設されなかった.つまり生徒自らがその興味・関心や希望に応じて選択できるわけではない.さらに,その授業内容が,必ずしも教科書に沿ったものではなく,そのごく一部の内容に指導がとどまっていることも少なくなかった.その結果,社会の急速な変化に主体的に対応できる情報活用能力が確実に生徒の身についているとはいえなかったり,情報機器の操作方法などの習得に重点を置いた指導に多くの時間がさかれて,情報を活用する力や情報の主体的な選択・処理・発信や問題の発見・解決に欠かせない創造的思考力や合理的判断力の育成が不十分だったり,情報通信ネットワークなどを使用した犯罪が多発するなか,情報安全や情報モラル,情報を適切に扱うための基本的な態度の育成が十分でなかったりするという課題が生じた.

そこで,2008年度に告示され2013年度から実施された現行学習指導要領では,情報活用の実践力の確実な定着や,情報に関する倫理的態度と安全に配慮する態

度や規範意識の育成を特に重視したうえで，生徒の能力や適性，興味・関心，進路希望などの実態に応じて，情報や情報技術に関する科学的あるいは社会的な見方や考え方について，より広く，深く学ぶことを可能とするために，次の2科目を置くこととなった．

●社会と情報

1　目標
　情報の特徴と情報化が社会に及ぼす影響を理解させ，情報機器や情報通信ネットワークなどを適切に活用して情報を収集，処理，表現するとともに効果的にコミュニケーションを行う能力を養い，情報社会に積極的に参画する態度を育てる．

2　内容
(1) 情報の活用と表現
　ア　情報とメディアの特徴
　イ　情報のディジタル化
　ウ　情報の表現と伝達
(2) 情報通信ネットワークとコミュニケーション
　ア　コミュニケーション手段の発達
　イ　情報通信ネットワークの仕組み
　ウ　情報通信ネットワークの活用とコミュニケーション
(3) 情報社会の課題と情報モラル
　ア　情報化が社会に及ぼす影響と課題
　イ　イ情報セキュリティの確保
　ウ　情報社会における法と個人の責任
(4) 望ましい情報社会の構築
　ア　社会における情報システム
　イ　情報システムと人間
　ウ　情報社会における問題の解決

●情報の科学

1　目標
　情報社会を支える情報技術の役割や影響を理解させるとともに，情報と情報技術を問題の発見と解決に効果的に活用するための科学的な考え方を習得させ，情報社会の発展に主体的に寄与する能力と態度を育てる．
2　内容
(1) コンピュータと情報通信ネットワーク
　　ア　コンピュータと情報の処理
　　イ　情報通信ネットワークの仕組み
　　ウ　情報システムの働きと提供するサービス
(2) 問題解決とコンピュータの活用
　　ア　問題解決の基本的な考え方
　　イ　問題の解決と処理手順の自動化
　　ウ　モデル化とシミュレーション
(3) 情報の管理と問題解決
　　ア　情報通信ネットワークと問題解決
　　イ　情報の蓄積・管理とデータベース
　　ウ　問題解決の評価と改善
(4) 情報技術の進展と情報モラル
　　ア　社会の情報化と人間
　　イ　情報社会の安全と情報技術
　　ウ　情報社会の発展と情報技術

　上記の科目においては，特に「情報通信ネットワーク」と「メディア」の特性・役割に注目し，「情報安全」に配慮しつつ，合理的判断力や創造的思考力，問題解決能力をはぐくむ指導が求められている．

　「社会と情報」は「情報C」，「情報の科学」は「情報B」を発展させたようなものとなっていて，「情報A」に相当する科目は廃止されることとなった．

2・3・2　専門教科「情報」

　情報産業の構造の変化や，情報産業が求める人材の多様化，細分化，高度化に

対応し，創造力，考察力，問題解決力，統合力，職業倫理などを身につけた人材を育成する観点から，科目の新設を含めた再構成，内容の見直しなどが行われた．

科目構成については，上記の視点に立ち，1999年告示学習指導要領の11科目を現行学習指導要領では次の13科目とした．その目標と内容は次のとおりである．

●情報産業と社会

情報産業と社会とのかかわりについての基礎的な知識と技術を習得させ，情報産業への興味・関心を高めるとともに，情報に関する広い視野を養い，情報産業の発展に寄与する能力と態度を育てる．

(1) 情報化と社会　(2) 情報産業と情報技術　(3) 情報産業と情報モラル

●課題研究

情報に関する課題を設定し，その課題の解決を図る学習を通して，専門的な知識と技術の深化，総合化を図るとともに，問題解決の能力や自発的，創造的な学習態度を育てる．

(1) 調査，研究，実験　(2) 作品の制作　(3) 産業現場等における実習

(4) 職業資格の取得

●情報の表現と管理

情報の表現と管理に関する基礎的な知識と技術を習得させ，情報を目的に応じて適切に表現するとともに，管理し活用する能力と態度を育てる．

(1) 情報の表現　(2) 情報の管理

●情報と問題解決

情報と情報手段を活用した問題の発見と解決に関する基礎的な知識と技術を習得させ，適切に問題解決を行うことができる能力と態度を育てる．

(1) 問題解決の概要　(2) 問題の発見と解決　(3) 問題解決の過程と結果の評価

●情報テクノロジー

情報産業を支える情報テクノロジーの基礎的な知識と技術を習得させ，実際に活用する能力と態度を育てる．

(1) ハードウェア　(2) ソフトウェア　(3) 情報システム

●アルゴリズムとプログラム

アルゴリズムとプログラミングおよびデータ構造に関する知識と技術を習得させ，実際に活用する能力と態度を育てる．

(1) アルゴリズムの基礎　(2) プログラミングの基礎　(3) 数値計算の基礎

(4) データの型と構造　(5) アルゴリズム応用
●ネットワークシステム
　情報通信ネットワークシステムに関する知識と技術を習得させ，実際に活用する能力と態度を育てる．
　(1) ネットワークの基礎　(2) ネットワークの設計と構築
　(3) ネットワークの運用と保守　(4) ネットワークの安全対策
●データベース
　データベースに関する知識と技術を習得させ，実際に活用する能力と態度を育てる．
　(1) データベースシステムの概要　(2) データベースの設計とデータ操作
　(3) データベースの操作言語　(4) データベース管理システム
●情報システム実習
　情報システムの開発に関する知識と技術を実際の作業を通して習得させ，総合的に活用する能力と態度を育てる．
　(1) 情報システムの開発の概要　(2) 情報システムの設計
　(3) 情報システムの運用と保守　(4) 情報システムの開発と評価
●情報メディア
　情報メディアに関する知識と技術を習得させ，実際に活用する能力と態度を育てる．
　(1) メディアの基礎　(2) 情報メディアの特性と活用　(3) 情報メディアと社会
●情報デザイン
　情報デザインに関する知識と技術を習得させ，実際に活用する能力と態度を育てる．
　(1) 情報デザインの基礎　(2) 情報デザインの要素と構成
　(3) 情報デザインと情報社会
●表現メディアの編集と表現
　コンピュータによる表現メディアの編集と表現に関する知識と技術を習得させ，実際に活用する能力と態度を育てる．
　(1) 表現メディアの種類と特性　(2) コンピュータグラフィックスの制作
　(3) 音・音楽の編集と表現　(4) 映像の編集と表現

●情報コンテンツ実習

情報コンテンツの開発に関する知識と技術を実際の作業を通して習得させ，総合的に活用する能力と態度を育てる．
(1) 情報コンテンツ開発の概要　(2) 要求分析と企画
(3) 情報コンテンツの設計と制作　(4) 運用と評価

2・3・3　新・旧学習指導要領における教科「情報」の変化

1999年告示・現行学習指導要領における教科「情報」の変化について見てみる．
まず，共通教科の各科目の内容を比較したものが図 2·1 である．上に現行の科目，左に旧科目を配置し，内容対応している部分を塗り潰している．

「社会と情報」は「情報 C」，「情報の科学」は「情報 B」の発展したものととらえることができる．これは，それぞれの交差する部分の内容が，ほぼ対応していることからもわかる．ただし，それにとどまらず「情報 A」「情報 B」「情報 C」の内容に広く亘っており，特に「社会と情報」は「情報 A」の要素をかなり含有している．これより，「社会と情報」＝「情報 C」＋「情報 A」の一部，「情報の科学」＝「情報 B」＋a であるといえる．

さらに詳細に見てみると，塗り潰されている部分が横方向に並んでいる現行の内容は，新科目で広く深く扱われており，逆に縦方向に並んでいる新内容は，現行の内容を狭く浅く扱っているといえる．「情報 A」の「(2) ア 情報の検索と収集」や「(3) イ 情報の統合的な処理」といったコンピュータの基本的な操作にかかわるものや，「情報 B」の「(2) ウ 情報の表し方と処理手順の工夫の必要性」や「(4) ア 情報通信と計測・制御の技術」における計測・制御といった技術的なものは，新科目で扱われていない．

新科目においては「情報通信ネットワーク」「問題解決」「社会」というキーワードが目立つ．また，「社会と情報」に「(1) ア 情報とメディアの特徴」，「情報の科学」に「(3) ウ 問題解決の評価と改善」という，新しい内容が加わっている．

「社会と情報」は社会的，「情報の科学」は科学的であるというより，両科目とも社会的内容が拡充されている．

専門教科「情報」の科目の対応をまとめると，図 2·2 のようになる．
「基礎的科目」「システム設計・管理系科目」「コンテンツの制作・発信系科目」それぞれが現行科目群に比べて充実し，系統的にわかりやすく整理されている．そ

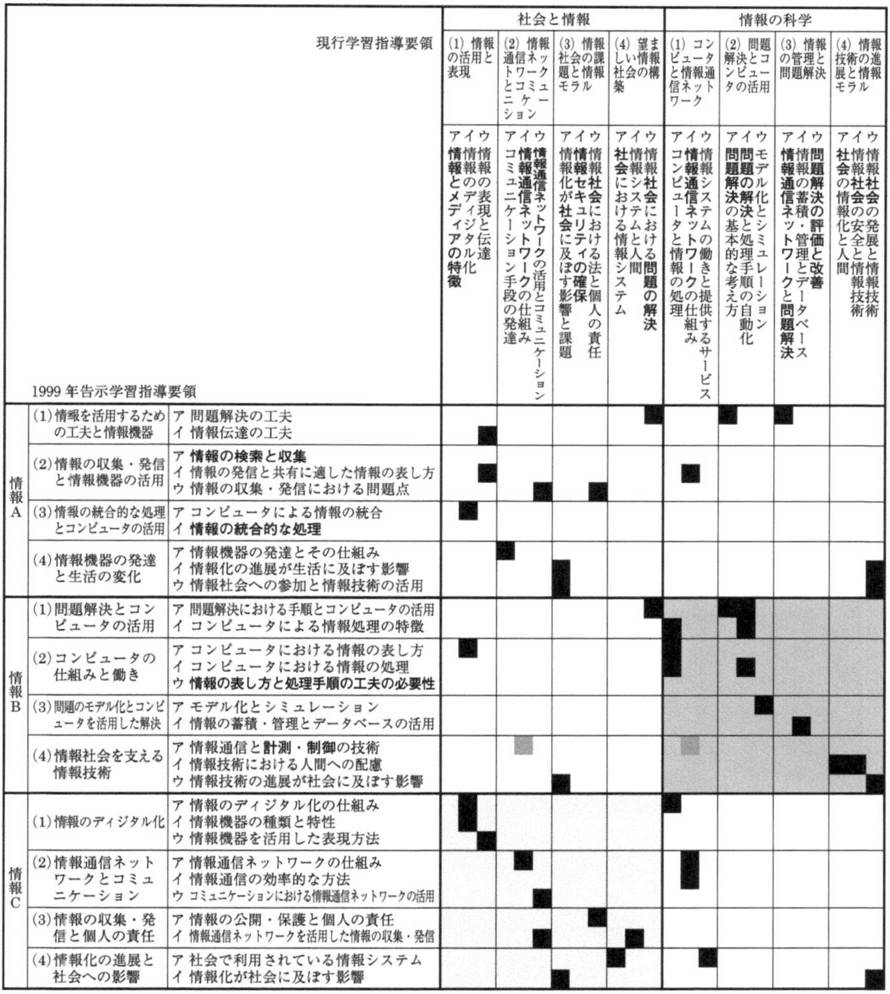

2章 現行学習指導要領における情報教育

図2.1 共通教科科目対応一覧

の中で,「情報メディア」が新設されたり,現行「モデル化とシミュレーション」の内容を拡張して「情報と問題解決」に再編したりという流れは,共通教科における傾向とも符合する.

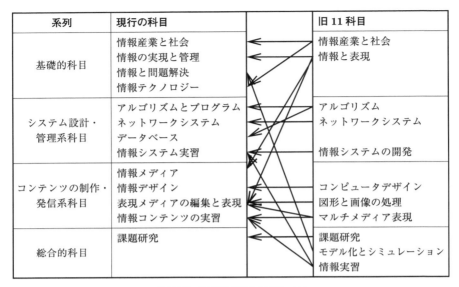

図 2·2　専門教科科目対応一覧

2·4　現行学習指導要領と PISA

　現行学習指導要領は，子どもたちに基礎的・基本的な内容を確実に身につけさせ，自ら学び自ら考える力などの「**生きる力**」をはぐくむことをねらいとしている．この「生きる力」とは，変化の激しいこれからの社会を生きる子どもたちに身につけさせたい「**確かな学力**」「**豊かな人間性**」「**健康と体力**」の三つの要素からなる力のことである．この中で，特に注目されている「**確かな学力**」とは，知識や技能はもちろんのこと，これに加えて，学ぶ意欲や自分で課題を見つけ，自ら学び，主体的に判断し，行動し，よりよく問題解決する資質や能力などまで含めたもののことをいう．これが果たしてほんとうに子どもたちの身についているのかという議論が活発になるきっかけとなったのが **PISA 調査**（Programme for International Student Assessment, **OECD 生徒の学習到達度調査**）である．PISA 調査は，思考プロセスの習得，概念の理解，およびさまざまな状況でそれらを生かす力を重視して，「**読解力**」「**数学的リテラシー**」「**科学的リテラシー**」の 3 分野について 3 年ごとに行われている．2003 年の調査においては，これに加え，「**問題解決能力**」も調査された．

この中で，科学的リテラシーとは，「疑問を認識し，新しい知識を獲得し，科学的な事象を説明し，科学が関連する諸問題について証拠に基づいた結論を導き出すための科学的知識とその活用」のことを指している．

　また，読解力とは，「自らの目標を達成し，自らの知識と可能性を発達させ，効果的に社会に参加するために，書かれたテキストを理解し，利用し，熟考する能力」とされている．

　さらに，問題解決能力とは，「問題解決の道筋が瞬時には明白でなく，応用可能と思われるリテラシー領域あるいはカリキュラム領域が数学，科学，または読解のうちの単一の領域だけには存在していない，現実の領域横断的な状況に直面した場合に，認知プロセスを用いて，問題に対処し，解決することができる能力」と定義されている．

　これらは，情報活用能力（**情報リテラシー**）そのものであり，これはコンピュータの活用にとどまるような狭い概念ではなく，情報活用能力こそがまさに「確かな学力」そのものであるといえる．

　現行学習指導要領における情報教育は，このPISA型学力と一般にいわれる「確かな学力」伸長のための大黒柱である．その観点からも，PISA調査について，その内容を客観的・継続的に注視すべきである．

演習問題

問1 共通教科「情報」における，「社会と情報」と「情報の科学」の両科目について，年間指導計画を作成せよ．

問2 システム設計・管理分野や，コンテンツの制作・発信分野など，高度情報人材の具体的な育成モデルを想定し，専門教科「情報」の科目の履修体系（配当学年，履修順序，選択指定など）を作成せよ．

問3 2000年，2003年，2006年に行われたPISA調査の具体的内容と，その結果について調べよ．また，そのことから，わが国の初等・中等教育における情報教育がどうあるべきかを論じよ．

参考文献

1) 小学校学習指導要領，文部省，（1998年12月告示，2003年12月一部改正）
2) 中学校学習指導要領，文部省，（1998年12月告示，2003年12月一部改正）
3) 高等学校学習指導要領，文部省，（1999年3月告示，2002年5月，2003年4月，2003年12月一部改正）
4) 幼稚園，小学校，中学校，高等学校及び特別支援学校の学習指導要領等の改善について（答申），中央教育審議会（2008年1月）
5) 小学校学習指導要領，文部科学省，2008年3月告示
6) 中学校学習指導要領，文部科学省，2008年3月告示
7) 高等学校指導要領案，文部科学省，2008年12月公表
8) PISA 2003年調査 評価の枠組み OECD生徒の学習到達度調査，国立教育政策研究所翻訳，ぎょうせい（2004）
9) 生きるための知識と技能2 OECD生徒の学習到達度調査（PISA）2003年調査国際結果報告書，国立教育政策研究所編，ぎょうせい（2004）
10) PISA 2006年調査 評価の枠組み OECD生徒の学習到達度調査，国立教育政策研究所翻訳，ぎょうせい（2007）
11) 生きるための知識と技能3 OECD生徒の学習到達度調査（PISA）2006年調査国際結果報告書，国立教育政策研究所編，ぎょうせい（2007）

第2部
情報活用の実践力の指導法

　情報活用能力を構成する「情報活用の実践力」「情報の科学的な理解」「情報社会に参画する態度」の3観点のうち,「情報活用の実践力」は,小学校や中学校における育成が中心となる.また,あらゆる教育場面において総合的に扱われる.高校においても,すべての教科で,その育成が図られなければならない.

　ここでは,教科「情報」における「情報活用の実践力」の指導法について述べる.

第2部「情報活用の実践力の指導法」の概説

第2部で扱う項目を大きく分類すると，
(1) 「実践的・応用的」対「原理的・理論的」
(2) 「コンピュータ的・情報技術的」対「人間的・社会的」
の2軸が現れている．

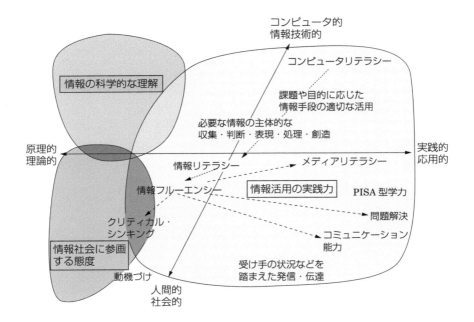

(1) 「実践的・応用的」対「原理的・理論的」

「情報活用の実践力」においては，どうしても「実践的・応用的」側面の強い要素が多く出現する．しかし，それは「原理的・理論的」側面の裏づけがあってはじめて存在しうるのである．優れた情報活用の実践力はしっかりとした原理的・理論的側面に下支えされており，もしこれを軽んずれば，それはまさに「砂上の楼閣」となる．

(2) 「コンピュータ的・情報技術的」対「人間的・社会的」

「情報活用の実践力」は，コンピュータや情報技術によってその力を最大に発揮できることになる．しかし，それはあくまでも手段であり，その深淵にはそのようなICTとは独立した人間的・社会的要素が存在しており，それを意識することのない情報活用などありえない．

「原理的・理論的」かつ「コンピュータ的・情報技術的」な深い部分は「情報の科学的な理解」の領域であり，「原理的・理論的」かつ「人間的・社会的」な深い部分は「情報社会に参画する態度」の領域であるといえる．

これらの「原理的・理論的」領域の上に，「情報活用の実践力」が大きく広がっている．

これらの内容を，次の3章で包括的に扱っている．

初等教育における学びとしては，「動機づけ」が教育活動の源泉になって次のように進んでいき，実践力として次のように還流していくと考えることができる．

コンピュータリテラシー ⟶ 情報リテラシー ⟶ 情報フルーエンシー

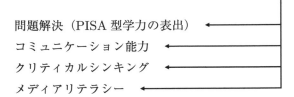

問題解決（PISA型学力の表出）◀
コミュニケーション能力 ◀
クリティカルシンキング ◀
メディアリテラシー ◀

3章 情報活用の実践力の指導法

　わが国の初等中等教育における情報教育で育成することを目指している「情報活用能力」には，「情報活用の実践力」「情報の科学的な理解」「情報社会に参画する態度」の3観点がある．その中で，従来最も重視されてきたのが「情報活用の実践力」である．

　この章では，「情報活用の実践力」とは何かについて考える．

3・1 「情報活用の実践力」

　文部科学省の「初等中等教育における教育の情報化に関する検討会」が2006年8月に，「情報教育に係る学習活動の具体的展開について—ICT時代の子どもたちのために，すべての教科で情報教育を—」（以下，「検討会報告書」）をまとめた．

　この中で，「情報活用の実践力」については，その定義の文言から，次の三つに分類している．

- 課題や目的に応じた情報手段の適切な活用
- 必要な情報の主体的な収集・判断・表現・処理・創造
- 受け手の状況などを踏まえた発信・伝達

　「検討会報告書」以前，文部科学省は2002年6月に，「情報教育の実践と学校の情報化～新『情報教育に関する手引』～」（以下，「新・手引」）を発行している．この中で，「情報活用の実践力」については，次の四つに分類している．

- 課題や目的に合った情報手段（情報メディア，コンピュータ，ネットワーク）の適切な利用
- 必要な情報の選択
- 課題解決における主体的な情報活用（収集・表現・創造・発信・交流）
- 情報の表現とコミュニケーション

　「新・手引」については，「情報活用能力」の3観点の意味を踏まえつつ，より，

実際の教育現場における学習活動を意識したものになっている．

　これに対して，「検討会報告書」は，個々の学習活動が情報活用能力のどこに位置づけられるかを明確にするため，あくまで3観点の定義の文言に従って分類している．

3.2 「情報活用の実践力」の指導項目

　「検討会報告書」では，3分類に従って，それぞれの指導項目を次のようにあげている．

3.2.1 課題や目的に応じた情報手段の適切な活用

　すべての3分類を包括するものとし，次の二つの指導項目を掲げている．
- 一連の情報伝達過程における適切な情報手段の活用に係る基礎知識
- 主要な情報手段の適切な活用に必要な基礎的な技能等

　前者は，一連の情報伝達過程の意味や，各過程における多様な情報手段の存在，課題や目的に応じた各過程における情報手段の適切な活用の必要性等について指導するものとしている．つまり，情報手段の適用能力の伸長を求めている．

　後者は，主要な情報手段としての「コンピュータ」や「携帯電話」の活用に必要な基礎的な技能等を指導するものとしている．すなわち，基礎的な操作方法の習得を，ここで求めている．

3.2.2 必要な情報の主体的な収集・判断・表現・処理・創造

　情報を適切に収集，判断，処理（分類，加工，編集等）し，新たな情報を創造し，表現するために必要な技能等，を指導項目にあげている．

　すなわち，収集・判断・表現・処理・創造・発信・伝達という一連の行動における各過程に必要となる技能の獲得を求めている．これは，まさに情報処理そのものであり，メディアリテラシーやクリティカルシンキングといったものも，ここで扱われる．

3.2.3 受け手の状況などを踏まえた発信・伝達

　情報を発信・伝達するために必要な技能等が指導項目としてあがっている．

　プレゼンテーションを中心とした，コミュニケーション能力や交渉能力などが

指導内容となりうる．

3·3 小中学校における「情報活用の実践力」育成

　小学校における，具体的な学習活動の例として，次のようなものがあげられる．
- 情報手段の基礎的な操作習得のために，「総合的な学習の時間」や「国語」などで，キーボードを使って日本語を入力する．
- 情報手段の適切な活用のために，「総合的な学習の時間」や「社会」や「理科」などで，情報を記録し，再利用できるようデジタルカメラを使う．
- 必要な情報の収集・判断のために，「社会」などで，図書館やコンピュータを活用して，必要な資料を集める．

　中学校においては，次のようなものが例示できる．
- 情報手段の適切な活用のために，「技術・家庭」などで，ワープロ，表計算，データベースなどのアプリケーションソフトを用いて，身のまわりの情報を処理する．
- 必要な情報の主体的な収集等のために，「国語」などで，課題を見つけ，それを解決するためにコンピュータによる情報検索等で資料収集する．

　小学校においては「総合的な学習の時間」が，中学校においては「技術・家庭」が，それぞれ学習活動の中核を担うことになる．ところが，「総合的な学習の時間」は，その扱う内容が情報教育にとどまらず，国際理解，環境，福祉・健康など，非常に多岐にわたっており，絶対的な学習時間は不足している．小学校における教育活動全体を，情報活用の実践力を高めていくような内容にしていくことが不可欠である．

　中学校における「技術・家庭」は，技術分野と家庭分野に分かれ，さらに技術分野には1998年告示の旧学習指導要領では「技術とものづくり」と「情報とコンピュータ」が設定されている．この「情報とコンピュータ」の内容は次のように定められている．

　(1)　生活や産業の中で情報手段が果たしている役割
　(2)　コンピュータの基本的な構成と機能および操作
　(3)　コンピュータの利用
　(4)　情報通信ネットワーク

　これらの4項目をすべての生徒に共通に履修させることとし，

　(5)　コンピュータを利用したマルチメディアの活用

(6) プログラムと計測・制御

を選択することができるとした．

2008 年に告示された，現行の学習指導要領においては，技術分野が「材料と加工に関する技術」「エネルギー変換に関する技術」「生物育成に関する技術」「情報に関する技術」の四つに分割された．「情報に関する技術」においては，次の三つについて，すべての生徒に共通に履修させることを求めている．

(1) 情報通信ネットワークと情報モラル
(2) ディジタル作品の設計・制作
(3) プログラムによる計測・制御

中学校の新学習指導要領では，旧学習指導要領より「情報の科学的な理解」の充実を図ったものになっていて，「情報活用の実践力」については，小学校段階で焦点をあてるような流れになっている．

3・4 高等学校における「情報活用の実践力」育成

高等学校における，学習活動の例としては，次のようなものが考えられる．

- 情報手段の適切な活用のために，「情報」などで，問題解決を効果的に行うため，目的に応じた解決手段の工夫と情報手段の適切な活用をする．
- 必要な情報の主体的な収集等のために，「国語」などで，使用する媒体に応じて文章の種類や形態を選択する．

高等学校においては「情報」が，学習活動の中心となる．1999 年告示の旧学習指導要領においては，すべての生徒が共通に履修する普通教科に，情報活用の実践力に重きを置いた「情報 A」，情報の科学的な理解に重きを置いた「情報 B」，情報社会に参画する態度に重きを置いた「情報 C」が設定された．現行の学習指導要領においては，情報社会に参画する態度を軸とした「社会と情報」と，情報の科学的な理解を軸とした「情報の科学」の 2 科目だけが示され，情報活用の実践力については，全教科を通して，小中学校で習得したスキルを，総合力である情報リテラシーとして熟成させることを求めている．また，次期学習指導要領では一つの共通必履修科目と，その発展としての選択科目が設定される方向で検討が進められている．

3・4・1 「操作教育」と情報活用の実践力

「アプリケーションソフトの操作教育」を全面的に否定する議論もある．確かに，高校における「情報」の授業において，メニューの位置や機能の説明に終始していれば，その誇りを免れないだろう．しかし，ほんとうに情報活用しようとしたときに，アプリケーションソフトをはじめとしたコンピュータ操作が満足にできなければ，その利用が効果的であったとしても選択肢に入れることができなくなってしまう．最低限必要な操作方法や機能については，「検討会報告書」にもあるように，小学校段階で習得されているべきである．ただし，学校間による学習内容の差異や，習熟度の個人差などにより，必ずしもそうなっていない現実もまた厳然と存在する．しかるに，中学校・高校段階においても，最小限の内容はおさえておく必要がある．特に，高校卒業後就職しようとしている生徒にとって，コンピュータの実践的活用能力の獲得は，切羽詰まった喫緊の問題となる．

ただし，高校での指導となれば，当然，小学校や中学校におけるそれとは異なる意味を付与するべきである．すなわち，単にコンピュータの操作を指導するのではなく，関連する背景知識を総動員しないと解釈・処理できないような課題を厳選し，生徒に指導する必要がある．いま，どんな問題を解決しようとしているのか，そのために最低限必要な操作は何か，そして，なぜそれが必要なのか，などを教員はもとより，生徒自身にも意識させる必要がある．

3・4・2 動機づけと情報活用の実践力

観点別評価は一般的に「関心・意欲・態度」「思考・判断・表現」「技能」「知識・理解」の4観点から行われるが，この中で「関心・意欲・態度」は学習活動の源泉ともいえる学習動機（モチベーション）と深く関わっている．コンピュータの操作教育においては，この動機づけのためにも，体験的感動や達成感を獲得させることが重要である．

例えば，資格・検定試験の合格を目指した指導などを適切に行えば，自律性の高い外発的動機づけが可能になる．実際，専門高校における「課題研究」では，その内容として「職業資格の取得」が学習指導要領に示されている．高校でよく利用されているものとして，全商ワープロ検定，全工情報技術検定，P検などがあげられる．この他，国家試験であるITパスポート試験や情報セキュリティマネ

ジメント試験なども利用されている．共通教科「情報」の授業において，資格・検定試験の合格を目指した指導を行うのは適切であるといえないが，資格・検定試験への挑戦を促したり，課外活動において指導したりすることにより，動機づけを行うのも，一つの方法である．

3・4・3 情報を読み解く力と情報活用の実践力

あるデータがあるとき，それをどのように視覚化して訴えるか．例えば，何らかの比率を円グラフで示すことを考えたとき，2-D と 3-D では与える印象が大きく異なってくる．**図 3・1** のように，仰角やグラフの厚みを極端に大きくしたり，各要素を区別するための配色に膨張色と収縮色を使ったりすれば，同じデータでも，その印象を意図的に操作することが可能である．

このことは，3-D 円グラフに限ったことではない．一般的によく使われる折れ線グラフや棒グラフなどでも同様のことがいえる．**図 3・2** と**図 3・3** は，数値軸のとり方を変えただけの，全く同じグラフである．1日の気温変化を表しているが，左は変化が大きく，右は変化がほとんどないような印象を受ける．

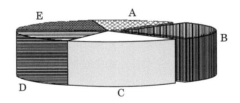

図 3・1　B は何番目に大きいのか？

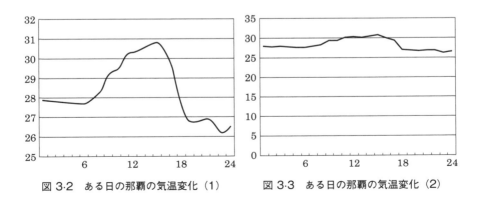

図 3・2　ある日の那覇の気温変化（1）　　図 3・3　ある日の那覇の気温変化（2）

また，調べ学習などで必要となる，情報を検索した結果の解釈やその裏づけの意義なども指導する必要がある．Wikipediaの記述や，Google検索で上位に表示されたものに対して，クリティカルな検討を加えないで，そのまま受け入れてしまうことの危険性についても十分に指導しなければならない．

3・4・4　問題解決と情報活用の実践力

　学習指導要領において教科「情報」では，「問題解決」と「情報モラル」が柱になっている．ここでいう「問題解決」は，「総合的な学習の時間」が対象としている内容とも符合する，情報活用とほぼ同義の幅広い概念である．すなわち，問題解決は，情報活用の根幹をなしている情報活用の実践力に支えられて初めて可能になる．換言すれば，問題解決によって，情報活用の実践力をより高度な次元に高めることが可能になる．

　視座・視点によってその評価が大きく異なるようなテーマを設定し，それに対する問題解決法とその評価軸を考えさせることで，より実践的な情報活用を体験させることが肝要である．

3・5　情報フルーエンシーへの昇華

　2章でも述べたように，現行の学習指導要領はPISA型学力の伸長を強く意識しており，特に教科「情報」については，その中核を担っている．ここでいうPISA型学力とは「知識や技能を，実生活のさまざまな場面で直面する課題に活用できる力」のことである．すなわち，情報リテラシーの中でも，特に実践力が重視されているといえる．

　情報を実践的に活用するためには，情報活用の対象に関する基礎的知識や基本的な考え方，さらには効果的な技能が必要不可欠である．すなわち，情報リテラシーに加えて，扱う領域に対する「知的能力（Intellectual Capabilities）」「基本的概念（Fundamental Concepts）」「現代に通用する技能（Contemporary Skills）」が，真の意味での情報活用の実践力には必須である．この実践的情報活用のための究極的総合能力のことを「情報フルーエンシー」[9]という．

[資料]――指導内容の体系化のための指導項目（「検討会報告書」より）

分　類	指導項目
課題や目的に応じた情報手段の適切な活用（下の2分類を包括）	● 一連の情報伝達過程における適切な情報手段の活用に係る基礎知識 ・一連の情報伝達過程（収集・判断・表現・処理・創造・発信・伝達） ・一連の情報伝達過程の各過程における多様な情報手段の存在 ・課題や目的に応じた，各過程における情報手段の適切な活用の必要性 ● 主要な情報手段の適切な活用に必要な基礎的な技能等 ・「コンピュータ」や「携帯電話」の活用に必要な基礎的な技能等
必要な情報の主体的な収集・判断・表現・処理・創造	● 情報を適切に収集，判断，処理（分類，加工，編集等）し，新たな情報を創造し，表現するために必要な技能等 【収集】幅広い，適切な収集を念頭に置いた情報手段選択のための知識と，実際に情報収集するための技能等 【判断】収集した情報を「解釈」するための技能（グラフ化等），「選択」するための知識（情報の信頼性，発信者の置かれた環境，意図，感情を理解したうえでの情報の解釈等） 【処理】電子情報化，音声化，表，グラフ化等の利点や，これらを行うための技能等 【創造】既存情報の内容を組み合わせたり，形態の違う既存情報を統合する利点，統合するための技能等及び，既存情報を基とした新たな情報を導出するための知識，技能等（自分が創造する情報の内容を受け手の立場に立って検証する技能等） 【表現】受け手，情報の特性等を念頭に置いた表現法選択のための知識や，選択した表現法により実際に表現を行うための技能等（自分が発信する情報の表現形態を受け手の立場に立って検証する技能等）
受け手の状況などを踏まえた発信・伝達	● 情報を発信・伝達するために必要な技能等 受け手，情報の特性等を念頭に置いた情報手段選択のための知識や，選択した情報手段により実際に発信・伝達するための技能等（自分が発信する情報の発信手段を受け手の立場に立って判断するための知識等）

演習問題

問 1 高校の「情報」の授業において，あるアプリケーションソフトの操作方法を指導することになった．アプリケーションソフトの種類と，その指導目的を適宜設定し，その目的にかなった演習課題を作成せよ．

問 2 Wikipedia や Google 検索によって得られた情報が，適切であるか否かの検証をしたい．どのようにすればよいのだろうか．

問 3 情報活用の実践力を高めることを意識した，グループワーク形式による演習を含む「問題解決」についての学習指導案を作成せよ．

参考文献

1) 小学校学習指導要領，文部省，(1998 年 12 月告示，2003 年 12 月一部改正)
2) 中学校学習指導要領，文部省，(1998 年 12 月告示，2003 年 12 月一部改正)
3) 高等学校学習指導要領，文部省，(1999 年 3 月告示，2002 年 5 月，2003 年 4 月，2003 年 12 月一部改正)
4) 小学校学習指導要領，文部科学省，(2008 年 3 月告示)
5) 中学校学習指導要領，文部科学省，(2008 年 3 月告示)
6) 幼稚園，小学校，中学校，高等学校及び特別支援学校の学習指導要領等の改善について（答申），中央教育審議会，(2008 年 1 月)
7) 情報教育の実践と学校の情報化〜新「情報教育に関する手引」〜，文部科学省，(2002 年 6 月)
8) 情報教育に係る学習活動の具体的展開について—ICT 時代の子どもたちのために，すべての教科で情報教育を—，初等中等教育における教育の情報化に関する検討会，(2006 年 8 月)
9) National Research Council：Being Fluent with Information Technology, NATIONAL ACADEMY PRESS (1998)

第3部
情報の科学的な理解の指導法

　第3部では，情報の科学的な理解の指導法を冒頭の4章で全般的に扱い，その後で，特に重要な位置づけにある「アルゴリズムとプログラミング」「問題解決とモデル化・シミュレーション」「情報検索とデータベース」について，独立した章として解説していく．

第 3 部「情報の科学的な理解の指導法」の概説

第 3 部で扱う項目を大きく分類すると,
(1) 「原理的・理論的側面」対「実践的・社会的側面」
(2) 「コンピュータによる実習」対「手作業による実習」
の二つの軸があるといえる.

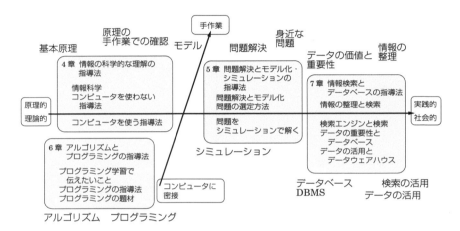

(1) 「原理的・理論的側面」対「実践的・社会的側面」
　情報の科学的な理解とした場合,理論面が強いような印象を受けるが,必ずしもそれだけではない.すなわち,身近な問題や実践的な問題を科学的に考えるという部分も重要な地位を占め,両方の軸にわたってバランス良く学習を進めることが大切である.

(2) 「コンピュータによる実習」対「手作業による実習」
　2 番目の軸は実習の題材や進め方についての軸であり,コンピュータに直接計算を行わせていくものから,手作業でゆっくり進めることで原理について納得させるというものまでのバリエーションがある.これも,原理を納得することと,コンピュータによる処理の速さや力強さやしゃくし定規なやり方を直接体験することの両方が必要であり,双方をうまく取り入れることが求められる.

第3部ではこれらの内容を，次の四つの章で扱っている．

　4章　情報の科学的な理解の指導法 — まず情報科学とは何であり，なぜ学ぶべきかという理論面から始まり，そのエッセンスをカードなどの教具を使って体験的に学ぶ手法を紹介する．それに続いて，学習の容易な言語を用いてコンピュータによる確認に進む．

　5章　問題解決とモデル化・シミュレーションの指導法 — 教科「情報」において重視されているが指導法が必ずしも確立していない問題解決とモデル化・シミュレーションであるが，題材をうまく選ぶことにより，生徒にとって親しみのある問題を紙の上で考えることから取り掛からせ，そのうえでコンピュータを使わせて，その真価が納得できるような流れの構成について解説している．

　6章　アルゴリズムとプログラミングの指導法 — プログラミング学習で何を伝えるべきかという概論から始めて，実際にコンピュータでプログラムを動かしながら実習させる指導法を解説している．

　7章　情報検索やデータベースは今日の情報社会において重要であるが，その技術的背景と社会的価値をともに納得させるような題材と指導方法について解説している．

　第3部は全体として，最初は4章と5章で手作業寄りの「原点に近い」部分から始めて，その後で6章でコンピュータの本質を深く学び，7章で生徒にはなかなか身近にとらえにくい社会面の話題に進むという構成をとっている．

4章 情報の科学的な理解の指導法

　この章では，情報の科学的な理解について，コンピュータを用いない方法，用いる方法の両面から述べる．

4・1　情報科学とその指導法

4・1・1　情報科学とは

　情報科学とは，コンピュータが動く原理についての科学である．
　コンピュータの内部の動作は，表に見える操作とは違うところが多いため，生徒にとって身近ではなく，興味を持ったりその動きを想像することが難しい面がある．そこで，生徒にイメージを持たせて距離を縮めるための工夫が必要になる．
　情報科学の指導において重要なことは，コンピュータは「動く」機械だということである．コンピュータはさまざまな処理を手順的に進めていき，その内部状態は次々と変化する．
　情報科学の基礎には数学的なロジックがあり，手続きはプログラムによって処理する．プログラムは機械が解釈する機械語で動作するが，人間に理解しやすいプログラミング言語で記述することができる．効率の良いプログラムを書くために，アルゴリズムという智恵を使う．コンピュータのハードウェアは日々進歩しているが，それらを仮想的に同じコンピュータと見なして扱うために，オペレーティングシステム（OS）というソフトウェアが使われている．プログラムだけでなく，人間（ユーザー）にとっても画面などの操作が共通になる利点がある．

4・1・2　情報科学の指導にあたって

　身近なイメージを持たせるものとして，最初に携帯電話（やスマートフォン，タブレット，パーソナルコンピュータなど）が動くモデルを見ておこう．

携帯電話は小型のコンピュータである．内部にはハードウェアと OS が搭載され，そのうえでユーザーの目に見えるアプリケーションソフトウェアが動いている．携帯電話で電子メールを送受信したり，Web を閲覧する場合には，携帯電話会社（キャリア）の通信網とインターネットを使って，メールサーバや Web サーバと通信する．サーバは，エンドユーザーの相手をするパーソナルコンピュータとは違い，ネットワークを通じて他のコンピュータのサポートをするコンピュータである．つまり，携帯電話で電子メールを送受信したり，パソコンで Web を閲覧するときは，手元のコンピュータと相手のコンピュータのプログラムどうしが通信し，その結果を画面に表示しているのである．

このような内部の動作を含めた動きとそこで使われている原理を生徒に伝えることが，情報科学の指導法になる．

4・2 コンピュータを使わない指導法

コンピュータの内部では数学的な計算と同時に，手続き的な処理が行われている．基礎的な概念の説明と併せて，カードなどを使い，実際の処理を手作業で確認させることで理解を深めさせることができる．

ここでは「コンピュータを使わない情報教育」[1] で紹介されている 2 進法と画像表現[*1]，そして「ドリトルで学ぶプログラミング」[2]「IT・Literacy Scratch・ドリトル編」[3] で紹介されているドリトルを使ったソフトウェアの指導を取り上げる．

4・2・1　2 進法

コンピュータの内部では，データの最小単位はビットと呼ばれる「0 と 1」で表現される．そして，複数のビットを組み合わせて扱うことにより，さまざまなデータを表現している．

ここに示す例では，複数のビットを組み合わせる 2 進法による数値表現と，文字を数値で表現する文字コードを扱うことにする．画像のデータ表現は次節で扱う．

カードによる実習

実習は，最初に 5 人の生徒を選び，それぞれに「1, 2, 4, 8, 16」のカードを

[*1] 詳しい内容はコンピュータサイエンスアンプラグドのサイトで読むことができる．http://csunplugged.jp

持たせ，教室の前で実演する．

＜5人のカード＞

| 16 | 8 | 4 | 2 | 1 |

1. 5人の生徒はおのおののカードを胸の前に持つ．最初は数が見えないよう裏返しておく．
2. 右の生徒から順に，1人ずつカードをひっくり返して書いてある数字を見せる．そのときに，座っている生徒に「次の数は？」と問いかける（口に出して答えない生徒も，「1，2の次は3ではなくて4だろうか」などと考える．その結果，各桁の意味を理解する）．
3. 数字をいって，5人の生徒に作ってもらう．最初は1枚のカードで作れる「1，2，4，8，16」をランダムにいう．
4. 次に，2枚のカードで作れる数（たとえば3，6，12，18など）をランダムにいう（複数のカードを組み合わせて数を作れることを理解する）．
5. 続いて，3枚のカードで作れる数（例えば7，11，21など）をランダムにいう．続いて，4枚のカードで作れる数，5枚のカードで作れる数をいっていく（カードを組み合わせてさまざまな数を表現できることを理解する）．
6. これらのカードを組み合わせて作れる最小の数を問いかける．続いて，最大の数を問いかける．それぞれ，0と31であることを確認する．
7. 最小（0）と最大（31）の間にある数はすべて作れるか問いかける．続いて，ある数を作るためのカードの組合せは1通りしかないのか問いかける．これらを確認するために，「0，1，2，3，…」のように，0から順に数を作ってみると宣言する．
8. 数を「0！　1！　2！　3！…」のようにテンポよく読み上げながら，5人の生徒にその数を作らせる（最小と最大の間のすべての数を1通りずつ作れることを理解する）．

最後の0から順に数を作っていく実演を見ていると，多くの生徒はカードの動きに規則性があることに気づく．例えば右端の1のカードは，数が読み上げられるたびに表裏を繰り返す．これは偶数と奇数を表すためである．また，左端の16のカードは，16が読み上げられたときに1回だけ裏から表に変化する．

次に，5人ずつのグループを作り，グループ内で上記と同じ作業を行う．座っ

て見ていた生徒は簡単そうに思っているが，実際にやってみると意外に難しいことに気づく．右端の1のカードは交互にひっくり返すだけであり，左端の16のカードは16のときに1回ひっくり返すだけなので容易だが，2や4のカードは考えながら作業する必要があり難易度が高い．うまく進められないグループに対しては，生徒の特性に応じて担当するカードを変えることも有効である．

これらの実習を通して，生徒は「2進法での数の表現」と「10進法から2進法への変換」を体験的に学ぶことができる．

暗号解読

最後に，生徒が2進法を理解したところで，応用として文字の数値表現を扱う．「コンピュータを使わない情報教育」[1)] では，助けを求める主人公が，クリスマスツリーの電飾をモールス信号のように点滅させるストーリーになっている．

配布するワークシートには，簡単なストーリーと点滅を用いた暗号，そして文字と数値の対応を示す暗号表が書かれている．点滅を用いた暗号は1行5桁とし，記号は「0，1」ではなく「■，☆」など，ストーリーに合わせたものを利用する．

生徒は主人公が送った暗号を解読する．生徒は「■☆■■■」などの暗号を見て，「01000」なので8と読めることに気づく．続いて，暗号表から数字の8が文字の「h」に対応することに気づく．この例では，暗号を解読すると「help」が現れる．

| 16 | 8 | 4 | 2 | 1 |

ワークシート：秘密の暗号を送れ

■☆■■■
■■☆■☆
■☆☆■■
☆■■■■

1	2	3	4	5	6	7	8	9	10	11	12	13
a	b	c	d	e	f	g	h	i	j	k	l	m
14	15	16	17	18	19	20	21	22	23	24	25	26
n	o	p	q	r	s	t	u	v	w	x	y	z

2進法に慣れていない生徒が多い場合は，小さなカードを作らせて，暗号の記号に合わせてカードを並べることで記号から数値に変換させるとよい．

暗号解読の実習を通して，生徒は「2進法から10進法への変換」と「文字を数値で表せる（文字コード）」を体験的に学ぶことができる．

授業では，モールス信号の「トン・ツー」やファクシミリの「ピー・ガー」などを聴かせて実際に文字や数値を2進法の数で送っていることを示したり，コンピュータや携帯電話で使われる電子メールの文字は数値の形で送られていることを説明する形で，体験した内容をコンピュータやネットワークの理解に発展させることが重要である．

4·2·2 画像表現

写真などの画像は，コンピュータのディスプレイ上ではピクセルと呼ばれる点の並びとして表現される．

ここに示す例では，点で表された画像を，点の有無で数値化して表現する．モデルを簡単にするために，点は白と黒の2値とし，色や濃淡は扱わない．そして，「□□□■■□□□」のような白と黒の並びを「3，2，3」のように，「連続する白と黒の並びの数」で表すことにする．

実習は次のように行う．
1. 図4·1の例を見せて，数値表現の規則を考えさせる．
2. 同様な絵を数種類用意し，配布する．右側は空白にしておく．

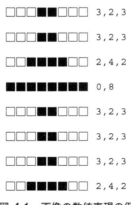

図4·1 画像の数値表現の例

3. 生徒に画像を数値に符号化させる．
4. 符号化した数字を別の紙に転記させ，別の生徒に渡す．
5. 受け取った生徒は数値から画像を復号する．

生徒に，実習から何を学んだかをあげさせる．生徒から発言を引き出しながら，次のような内容を板書する．
- 写真やイラストを点の並びで表現できる．
- 画像を数値として表現できる．
- 画像を数値として転送できる．
- 数値から画像に復元できる．

最後にまとめてみる．ここで扱ったのはファクシミリで使われている白黒の2値画像であるが，実際には濃淡を持つグレースケールや色を扱えるカラーの画像が使われていること，写真やディスプレイ全体も細かい点で表されていることなどを説明する．生徒が十分に理解できている場合には，ここで扱った数値表現のように同じ点の並びをひとまとめにする圧縮が実際のファクシミリ通信や画像ファイルの中で使われていることを補足することもできる．学習した内容を，それらが実際にコンピュータの中で行われている処理であり，社会や生活の中で活用されているということに結びつけて理解させることが重要である．

4·3 コンピュータを使う指導法

4·3·1 ソフトウェアとプログラム

コンピュータや携帯電話，ゲーム機など，生徒の身のまわりにある情報機器は，すべてソフトウェアで動作している．ソフトウェアは人間が作り出したプログラムであるが，「プログラムはどのようなものであるか」ということや，「プログラムはどのように開発するのか」といったことは想像するのが難しいため，体験によって理解することは有効である．

ここでは「ドリトル」というプログラミング言語を使って，簡単なゲームを開発する例を紹介する[*2]．ゲームは制限時間内に宝物であるトンボのキャラクター

[*2] ドリトルはWebブラウザで動くオンライン版を使うと，パソコンにインストールする必要がなく手軽に使える．http://dolittle.eplang.jp

を拾うものであり，四つのステップで作っていく．生徒は図のプログラムを1行ずつ入力しながら実行して動作を確認できる．

ステップ1では，画面に主役であるカメのキャラクターと，それを操作するためのボタンを配置している．ボタンを押すか，左右の矢印キーを押すと，カメが左右に回転する．ここでは，「ゲームなどの画面もプログラムによって作られている」「プログラムは基本的に文字によって書かれている」「ボタンやキーを押したときもプログラムによって動作が行われる」ことなどを学ぶことができる．

ステップ2では，カメを前進させる．画面では，カメはモータがついたように，自動的に前に進んでいく．ここでは，「コンピュータは処理を繰り返して実行でき

```
// タートルを操作する（ステップ1）
カメ太＝タートル！作る．
左ボタン＝ボタン！ "左" "LEFT" 作る．
左ボタン：動作＝「カメ太！30 左回り」．
右ボタン＝ボタン！ "右" "RIGHT" 作る．
右ボタン：動作＝「カメ太！30 右回り」．

// タートルを前進させる（ステップ2）
時計＝タイマー！作る 200 回数．
時計！「カメ太！10 歩く」実行．

// 宝物を画面に置く（ステップ3）
タートル！作る "tonbo.gif" 変身する ペンなし 200 100 位置．
タートル！作る "tonbo.gif" 変身する ペンなし -100 50 位置．

// 宝物を拾う（ステップ4）
カメ太：衝突＝「｜相手｜相手！消える」．
```

図 4·2　ドリトルによるゲームプログラム例

る」「なめらかに見える動きは細かい動作の繰返しで表現されている」ことなどを学ぶことができる．

ステップ3では，拾うための宝物を画面に置く．この例では置く位置を $(200, 100)$ と $(-100, 50)$ という座標に固定したが，応用としては宝物の数を増やしたり，乱数を使って実行するたびに異なる位置に置くことができる．ここでは，「コンピュータの画面はドットの並びで表現されている」「画面上の位置は数学と同様に座標で表現される」「コンピュータでは実世界と違い，トンボの体をカメが通り抜けるといったことが起きる」ことなどを学ぶことができる．

ステップ4では，カメと宝物が重なったときに宝物を消している．ここでは，「衝突のような特定の条件で行う処理を記述できる」ことを学ぶことができる．

ここでは，プログラムを作る体験を通して，ゲームという身近なソフトウェアがプログラムで記述されていることを体験した．授業では，続いて「コンピュータや携帯電話，ゲーム機などすべての情報機器の内部でソフトウェアが働いていること」「ソフトウェアはプログラムで記述されていること」「コンピュータはプログラムに書かれたとおりに動作すること」といったソフトウェアの性質全般について説明する．さらに，「プログラムの不具合（バグ）によるリスクが存在すること」「ウイルスなどの悪意を持って作られたソフトウェアなども存在すること」などのリスクについても展開することが可能である．

4·3·2　授業の展開

情報の科学的な側面を扱う授業では，数学などの科学的な基礎に立脚する概念を生徒に十分に理解させ，それらがコンピュータやネットワークの中でどのように役立っているのかに結びつけることが重要である．ただし，「教師が正解を示し，生徒はそれを書いて覚えるだけ」という授業では，生徒の興味を引き出すことはできず，考えることをしないままになってしまう．

これらの学習には，教具などを用いて生徒が自発的に発見しながら学ぶ形の授業が効果的である．本章で紹介した学習は，次のような流れになっている．

1. 生徒にエッセンスを体験的に学べる教材を体験させる．
2. 体験したことの意味を解説する．
3. 実際のコンピュータやネットワークでの活用に発展して解説する．

体験から学ぶ授業では，適切な課題を与えることで，生徒は自発的に取り組みながら自分で多くのことを発見的に学んでいく．自分で必死に考えて発見した知識や体験を通して学んだ知識は，単に他人から教えられた知識と比べて，はるかに理解度が深く，継続的に活用していける生きた知識になりやすい．

　一方，科学はときとして，一見常識とは異なる原理を学ぶことを必要とする．2進法の学習を例に考えると，「5本の指で32通りを数えられるのであれば，10本の指では64通り」と考えてしまう生徒がいる．このような，一見正しそうな誤解に陥らないように，学習を生徒に任せきりにするのではなく，与える教材の準備や学習中の観察と指導，教師からの解説などによって，生徒の学習を適切に導くことが重要である[4]．

演習問題

問1 暗号解読で扱った暗号表を，英字の代わりにひらがなで作り直すとしたら，暗号は何ビット必要か．

問2 データ圧縮の手法である「ランレングス符号」について調べ，画像表現で扱った題材と比較せよ．

問3 マウスを動かすとコンピュータの画面でマウスカーソルが移動する．キーボードのキーを押すと，コンピュータの画面に文字が入力される．このような基本的な処理を行っているソフトウェアは何か．

参考文献

1) 兼宗　進監訳：コンピュータを使わない情報教育アンプラグドコンピュータサイエンス，イーテキスト研究所（2007）
2) 兼宗　進, 久野　靖：ドリトルで学ぶプログラミング，イーテキスト研究所（2007）
3) 兼宗　進ほか監修：IT Literacy Scratch・ドリトル編，日本文教出版（2016）
4) 川合　慧編：情報，東京大学出版会（2006）

マウスとキーボード

■マウスは練習が必要

　マウスは，画面上の実体を直接指し示すことができるので，自分でコマンドを文字入力しなければならないキーボードに比べて，練習も不要で使いやすいように見える．実際，指し示すという動作自体はキーボードで行うのが困難であり，マウスの導入でパソコンのインターフェイスは一変したといってよい．

　しかし，マウス操作は日常動作にはない動作であり，練習が必要である．このことは，運動能力の未発達な幼児や，運動能力が衰えてきた40歳代以後の熟年者にとっては大問題となる．マウス操作は数時間の訓練で習得できる簡単な操作ではあり，見たところ難しいことはないように見えるために，操作練習を行わずにマウス操作を当然できるものとしてパソコンを教えることが広く行われているが，これがパソコンをあきらめる熟年者を生んでいるのである．

■キーボードは数時間でマスターできる

　コンピュータなどの情報機器を利用するには，人間が情報を機器に伝達する必要がある．かつては，この役割をキーボードが果たしてきたが，最近ではこの役割をマウス操作が担うようになった．これによって，パソコンは格段にわかりやすくなり，社会で広く使われるようになった．しかし，文字入力に関しては依然としてキーボードが最も効率的な入力手段であり，マウスにとって代わられることはない．

　キーボードはアルファベットだけでも26キーを操作する必要があり，練習が必要である．これにはタイプライターの練習法が用いられてきたが，日本語入力の訓練から生まれた増田式[†1]を使うと，この時間が約1時間で済む．

　増田式で練習すれば1時間で済むにもかかわらず，ほとんどの人が目視打鍵の練習を行うのに何十時間も費している．発売されている練習ソフトも，この点を意識したものは少ない．独学ではタッチタイピング（触視打鍵）を練習するポイントを押えているのかどうか判断するのが難しい．パソコン教室のインストラクターにも，練習のポイントがわかっている人は少ないので，触視打鍵が普及しない．また，世の中全体で目視打鍵が一般化しており，その必要性が先進的な米国の一部の州などを除いて認識されていない．これが結果としてパソコン自体の普及を妨げている．

[†1] 大岩　元：タイピングとマウス操作，佐伯　胖監修，CIEC編集，学びとコンピュータハンドブック，pp.120-123，東京電機大学出版局（2008）

5章
問題解決とモデル化・シミュレーションの指導法

5・1　問題を選定する
　高等学校の教室で実際に行われる問題解決には，日常生活に密接な問題を選ぶのが普通である．だが，それ以外の問題を選んで授業を構成することも可能である．

5・1・1　日常生活に密接な問題の選定
　教科書では「遠足の行き先としてどこが適切か」「将来の自分の進路をどのようにすべきか」などが問題として取り上げられているが，その適切さを数値化することがかなり困難である．そこで，生徒の学習を評価するには，解決案として求められた案の適切さよりも，どのような手段を利用して問題解決を行ったか，特に情報機器やソフトウェアを適切に使用したか，という観点を利用することが多い．

　しかし，この観点では，情報機器やアプリケーションソフトウェアの操作方法の習熟には役に立つものの，学習指導要領が求めている「生きる力」の直接的な達成にはつながらない．したがって，その後に必ず，別の問題解決の例をいくつも取り上げ，「生きる力」の育成につながるように授業を編成することが必要となる．

5・1・2　数値化できる日常の問題
　以下は，「情報の科学」の教科書にある「問題」の例である．
- 地図や取材を利用して駅から学校までの最短経路を求める．
- 時間の制約がある中でできるだけ安く目的地へ移動するプランを求める．
- 高校まで遅刻しないで通学するために何時に家を出ればよいかを決める．
- 市内ウォークラリーの計画を作る．
- 自分にとって適切なパソコンを選ぶ．
- 携帯電話の契約を選ぶ．

- 家を建て替えるので間取りを設計する．
- 将来の自分の進路をどのようにすべきかを決める．

　指導要領では，数学や理科の「問題」のみならず，さらに広い範囲での問題を考えることを求めている．上記の例でいえば，日常生活に関する課題を問題解決の題材に選ぶ場合には，このように高校生に身近な，あるいは，身近に感じることができる問題を選ぶのが普通である．

5・1・3　日常生活に密接でない問題の選定

　日常生活には密接でなくても，高校生の思考力を育成し，将来の問題解決への応用力を伸ばすことを目的とするなら，あえて日常生活に密接でない問題解決を取り上げることも可能である．例えば，以下の例は，問題を解決する過程を通して，数学や理科などの理解力向上にも役立つといえる．
- たくさんのカードの中から，条件に合ったカードを捜す．
- X 年 Y 月 Z 日は何曜日かを求める．
- 水槽の水量の変化をグラフにする．

5・1・4　問題解決の学習内容と順序

　問題解決を取り扱うにあたっては，具体的な問題を通して「問題解決とは何か」「多くの問題に通用する解決方法とはどのようなものか」を学ぶようにする．
(1)　問題を具体的に取り上げ，その問題の解決方法を捜し出す．
(2)　別の問題を具体的に取り上げ，その問題の解決方法を捜し出す．
(3)　同様にいくつかの問題を具体的に取り上げ，解決方法を捜し出す．
(4)　これらの過程を通して，問題解決一般の手法を身につける．

　すなわち，個々の問題の解決方法を抽象化する作業が不可欠となり，それは以下の項目となる．
- 問題の発見，問題の理解，情報の収集，情報の分析，解決策の選定，評価，情報の発信
- クリティカルシンキング，トレードオフ，ブレーンストーミング，KJ 法，アイディアプロセッサ，マインドマップ
- 表の活用：表計算ソフト，スケジュール表

- 図の活用：手順を図で表すフローチャート，ガントチャート，階層図，サイクル図，放射型図，ベン図，パイ図，リンク図，レーダーチャート，2次元チャート
- モデル化とシミュレーション（詳細は後述）

5・1・5　モデル化の学習内容

「情報の科学」では，対象をモデル化し，シミュレーションを行うことで，対象の数理科学的な性質や挙動を考察・推測することを学ぶ．

教科書では，まず「物理モデル」「数式モデル」を紹介し，物理モデルにおいては飛行機や自動車の風洞実験や，家を設計する際のミニチュアを利用した検討などを取り上げ，その後，特に数式モデルに特化し，対象の状態遷移を連立漸化式の形で記述し，その後はシミュレーションとして，主に表計算ソフトを利用してシステムのふるまいを計算することが多い．

5・2　モデル化とシミュレーションを授業で取り上げる

ここでは，「モデル化とシミュレーション」の授業を，数学があまり得意ではない生徒でも抵抗なく入り込めるようにするための，具体的な工夫について述べる．

5・2・1　実際の授業の前の確認作業

モデル化とシミュレーションの内容を検討すると，その内容は，小学校高学年における算数の文章題にまでさかのぼることができ，そこでは「〜〜の値を x と置く」という作業が行われる．これが，モデル化とシミュレーションを学ぶ入門段階である．例えば，「まことさんは，家から学校までは時速6〔km/h〕で行き，学校から家までは時速4〔km/h〕で帰りました．まことさんの平均時速を求めなさい」という問題を小学校高学年，あるいは中学校で取り上げるときには，まず，家と学校の距離を x〔km〕とおき，往復のそれぞれにかかった時間を数式として $x/6 + x/4$ と求める．往復の距離は $2x$〔km〕であるから，$2x(/x/6 + x/4) = 24/5 = 4.8$km/h と計算結果を求める．

ここで行われた「家と学校の距離を x〔km〕とおく」という作業は，問題文で扱われていない変数を自ら発見・定義し，問題を解くために利用する作業にほかならない．同様の問題は，中学校理科の「モル数や原子量」や，公民の「民主主

義における多数決原理」などにも現われる．このように，モデル化とシミュレーションの授業を実施する前に，生徒が小学校高学年・中学校において，このような算数の文章題の扱いになれているか（readiness）を確認しておく必要がある．

5・2・2 題材の例

ここでは，モデル化とシミュレーションの課題例として，「つるかめ算」「文化祭における商品販売」を取り上げる．

つるかめ算

> つるとかめが合わせて 100 いました．足の数を数えると，合計で 342 本でした．つるとかめはそれぞれ何匹いますか？

この問題は，つるかめ算と呼ばれている．「つるとかめの足の合計を数えるときには，それぞれを別に数えるべきである」という指摘もあるが，ここでは，数式を利用した解法の例としてとらえる．この問題に対して，小学校段階で紹介される解法は次のものである．

> かめが足を 2 本ひっこめていたと仮定すると，足の合計は 200 本となるはずである．これは，実際の足の本数より 142 本少ない．この少ない分の足はかめが足を 2 本ひっこめていたと仮定したからである．したがって，かめは $142 \div 2 = 71$ 匹であり，つるは $100 - 71 = 29$ 匹である．

この解法は，本問に固有の状態を利用したものであり，一般的であるとはいいがたい．そこで，中学校程度では連立一次方程式の応用例として，本問を取り上げることがある．

> つるを x 匹，かめを y 匹と仮定すると，与えられた条件は，$x + y = 100$，$2x + 4y = 342$ である．これを連立一次方程式として解くと，$x = 29, y = 71$ を得る．

この解法は，小学校程度では未知数や連立方程式を学んでいないので，取り上げることができないが，この問題に固有の解法ではなく，同様なさまざまな問題

についても適用可能な解法であるともいえる．言い換えると，問題固有の解法を覚えなければ解けない段階から，個々の問題に共通した解法の存在を知る抽象的な段階へ昇格しているともいえる．

本文を表計算ソフトを利用して解く場合を考えてみよう．この場合は，**表 5·1**のように入力（実際には，オートフィルを利用する）し，E 列の値が 342 になるところを探せばよい．

表 5·1　つるかめ算を表計算ソフトで解く

	A	B	C	D	E
1	つる	つるの足	かめ	かめの足	足の合計
2	1	=A2*2	=100-A2	=C2*4	=B2+D2
3	=A2+1	=A3*2	=100-A3	=C3*4	=B3+D3
4	=A3+1	=A4*2	=100-A4	=C4*4	=B4+D4
:	:	:	:	:	:

一方，この問題をプログラミングを利用して解く場合は，次の例が考えられる．なお，ここでは BASIC で例示するが，他のプログラミング言語を利用して説明することも可能である．

```
100 INPUT "つるとかめの匹数の合計"; GOUKEI
110 INPUT "つるとかめの足数の合計"; ASHI
120 FOR TSURU=0 TO GOUKEI
130 KAME = GOUKEI - TSURU
140 IF 2*TSURU + 4*KAME <> ASHI THEN 170
150 PRINT "つるは", TSURU, "匹です"
160 PRINT "かめは", KAME, "匹です"
170 NEXT TSURU
180 END
```

表計算ソフトを利用しても，プログラミングを利用しても，つるの匹数からつるの足の本数やかめの匹数，かめの足の本数，そして合計の本数を求める式を作る行為が「モデル化」に相当し，条件に合うところを探す行為が「シミュレーション」に相当する．

この部分を授業で取り扱うにあたっては，表計算ソフトやプログラミングなどの数値を扱うソフトウェアを利用して現実の問題を解く場合，問題で設定された状況をどのように数式にするか（モデル化），そして，解をどのようにして求めるか（シミュレーション）というプロセスを，生徒に意識的に考えさせるように取り扱うことが望ましい．

ここで，数式モデルを利用した指導項目についてまとめておく．
(1) わかっている数値を書き出す．
(2) 求めたい数値を書き出す．
(3) それらの関係を作ってみる．
- うまくいけば OK．
- うまくいかない場合は，隠された変数を自分で探すこと．
- それでもうまくいかない場合は，問題（最初の設定）が悪い．
(4) 数式モデルができたら，数学，表計算ソフト，プログラミングなどを利用して解く．もし解けない場合は，数式モデルや変数が足りないので，再度，関係を作るところからやりなおす．

文化祭における商品販売

例えば次のような問題を取り上げる．

文化祭ですずらんとかすみ草を使って花束セット A と花束セット B を作って売ることにしました．

> - 花束セット A は 1 束につきすずらん 3 本，かすみ草 5 本を使い，売値は 300 円
> - 花束セット B は 1 束につきすずらん 2 本，かすみ草 3 本を使い，売値は 190 円
>
> 当日確保できた花は，すずらん 90 本，かすみ草 140 本でした．さて，この材料で作った花束セット A と花束セット B が全部売り切れると仮定すると，売上げを最大にするには，花束セット A と花束セット B をそれぞれ何束作っておけばいいでしょうか？

この問題では，花束セット A の個数を x，花束セット B の個数を y とおき，与えられた条件を数式で表し，さらに売上げを表す変数を P とおき，それを表計算ソフトを利用して解くという次のような手順をたどればよい．

- すずらんについて $3x + 2y \leq 90$ ……（ア）
- かすみ草について $5x + 3y \leq 140$ ……（イ）
- $P = 300x + 190y$ ……（ウ）

とおき，シミュレーションによって P の最大値を探すという手順を，プログラミングや表計算ソフトを利用して考察させる．なお，ここでは JavaScript で例示するが，他のプログラミング言語を利用して説明することも可能である．

```
suzuran=90;
kasumi=140;
p_saidai=0;
a_saidai=0;
b_saidai=0;
hana_a=0;
while ( (suzuran>=0) && (kasumi>=0) ) {
  hana_b=Math.min(Math.floor(suzuran/2), Math.floor(kasumi/3));
  price=300*hana_a+190*hana_b;
  document.write("A="+ hana_a+ ", B="+ hana_b+ ", P=
      "+ price+ "<BR>");
  if ( price > p_saidai ) {
    p_saidai=price;
    a_saidai=hana_a;
    b_saidai=hana_b;
  }
  hana_a++;
  suzuran=suzuran-3;
  kasumi=kasumi-5;
}
document.write("saidai A="+ a_saidai+ ", B="+ b_saidai
    + ", P="+ p_saidai+ "<BR>");
```

　数学的に見れば，数式（ア）（イ）（ウ）は，線形計画法に典型的な問題であるが，x, y の値は非負整数上を動くため，P の最大値問題を解くことは数学的には容易ではない．一方，この問題を表計算ソフトやプログラミングで分析することができれば，数学の解法よりもはるかに簡単に正解を求めることができる．

　このようなモデル化とシミュレーションの取上げ方を学ぶことは，生徒にとっ

て，単に情報の科学的な理解を深めるだけでなく，数学や理科などの問題に関する理解を，情報の授業を通して深めることにもつながるといえる．

5・3 まとめ

本章では，問題解決，モデル化とシミュレーションの指導方法について，適切な題材を選ぶことと，数式モデルにおける変数設定の重要さについて述べた．

現在の高等学校では変数を自ら置くことができない生徒が多く，それは，高等学校入学前の数学での履修状況の影響があるといってもよい．だが，「情報」で比較的取り上げられにくい「モデル化とシミュレーション」であっても，本章で述べたような取扱いから学習を始めさせることで，生徒の問題解決力，情報リテラシーの向上を達成することも可能である．

演習問題
問 1 本書 54～56 ページの問題の例に関する記述を参考にし，実際の「情報の科学」の教科書で問題解決に題材として取り上げられている内容を整理し，その単元を生徒が学習したときの評価観点を，「関心・意欲・態度」「思考・判断」「知識・理解」「技能・表現」のそれぞれについて述べよ．

問 2 算数・数学，物理，化学，生物，地学などの問題を題材としたモデル化とシミュレーションの指導案を作成せよ．

参考文献
1) 川合　慧，他：情報（東京大学教養学部テキスト）(2006)
2) 奥村晴彦：C 言語による最新アルゴリズム事典，技術評論社 (1991)
3) 東北大学附属図書館：東北大学　和算ポータル
   http://www2.libraty.tohoku.ac.jp/wasan/

6 章
アルゴリズムとプログラミングの指導法

　この章では，コンピュータ内部にあるソフトウェアの処理の仕組みと特徴を理解するという視点で「アルゴリズムとプログラミング」を指導する方法について述べる．

6・1　アルゴリズムとプログラミング学習の必要性

　アルゴリズム学習に関しては，旧指導要領の情報Bにおいても扱われていたが，プログラミング学習に関しては明示されていなかった．しかし，現行指導要領では情報の科学に「(2) 問題解決とコンピュータの活用」「イ 問題の解決と処理手順の自動化」が設けられた．この内容に関して指導要領解説には「処理手順の自動実行については，処理手順が込み入ったものであっても，適切なアルゴリズムでコンピュータに自動実行させることによって，誤りなく繰り返し使用することができるなど，自動実行の有用性について考えさせる」と書かれており，整列や探索などの基本的なアルゴリズムを実際にプログラムとして実装するなどし，コンピュータ上での自動実行を体験することが示されている．また，「処理手順に簡単な変更を行うだけで処理結果に違いが出たり，少しでも処理手順に誤りがあると想定どおりの結果が出なかったり，処理時間に大きな違いが生じたりすることも理解させる」とも書かれており，プログラムの誤りや効率についても理解させるということが示されている．

　一方でプログラミングを情報科で教えるのは時間が足りないのではないかという疑問を持つかもしれない．確かに，大学などの専門教育においては，将来の研究や仕事において自分でプログラムが作成できることを目指すものであるので，ある程度の時間をかけ，プログラミングを教えている．これと同様のことを考えると短時間でのプログラミング教育は不可能であると思えるかもしれない．

　しかし，「処理手順の自動実行」という観点から「コンピュータの仕組みを理解

する」ということを目的とするのであれば，短い時間でもプログラミングを学ぶことは可能である．また，中学校の技術・家庭科においてプログラムによる計測・制御を学ぶので，それを踏まえた展開が可能であろう．

以下では，アルゴリズムとプログラミングの指導のポイントとその指導法について議論する．

6・2 アルゴリズムとプログラミング指導のポイント

情報科においてアルゴリズムとプログラミングを教える際は，ソフトウェアの役割の特徴をどのように理解してもらうかが鍵になる．以下では，その特徴を伝えるためのポイントを示す．

コンピュータは勝手に動いているわけではない

現在のコンピュータは，購入した時点でさまざまなソフトウェアがインストールされていることが多く，コンピュータは使っているがソフトウェアのインストール作業などの経験がない生徒が少なくないであろう．また，ソフトウェアのインストール経験があっても，それらはパッケージ化され中身が見えないため，どのような仕組みかはわからないし，それを気にしている生徒は少ないであろう．それゆえ，コンピュータ本体など目に見えるハードウェアに対しては認識はあっても，目に見えないソフトウェアはハードウェアの付随物として意識されがちである．

しかし実際は，コンピュータはソフトウェア＝プログラムの指示がなければ動作しないし，その指示以外のことを行うことができない．また，プログラムが間違っていればコンピュータは誤動作する．これらのことは生徒が自分でプログラムを実際に作り，それを動作させること，また，時には間違った（バグのある）プログラムを作ってしまい，その修正（デバッグ）が必要となることなどにより体験的に学ぶことができる．

プログラムは単純な構造を組み合わせることによって作ることができる

限られた時間でプログラミングを教える際に重要なのは，プログラミング言語の習得を目的とせず，論理的な構造の組立がプログラミングであることを理解してもらうことである．

ダイクストラ（E. W. Dijkstra）によって提唱された構造化プログラミングの考え方にあるように，すべてのプログラムは「順次」「分岐」「反復」という三つ

の基本的な論理構造を使うことによって記述できる．この三つの構造を知っていればプログラムは作成可能であることを理解させることが重要である．この指導方法の例については次節において議論する．もちろん，それを組み合わせていろいろなプログラムを作成する作業は容易ではないので，それも合わせて伝える必要がある．

良いプログラムによりコンピュータは良い働きをする

　求められた結果を出せば中身はどんなプログラムでもよいわけではない．

　効率の良いプログラムを作ることは，コンピュータシステムの性能を向上させるうえで欠かせない．例え高速な CPU や多くのメモリがあっても，ソフトウェアの性能が悪ければ，そのアドバンテージは失われてしまう．このことを実感させるうえで，同一の問題について複数のアルゴリズムを示し，その差を見せることは重要である．この指導方法の例は次節において紹介する．

　また，効率だけではなくプログラムの読みやすさなどの保守性がシステムの開発には不可欠であることもあわせて紹介することが望ましい．

なんでもコンピュータで解けるわけではない

　コンピュータはプログラムを書きさえすればどんなものでも，解けると思っている生徒も少なくないだろう．しかし実際には最高速のコンピュータを使っても解くのに何百年もかかってしまい，現実的な時間では解けない問題も多く存在する．

　難しいアルゴリズムの話をする必要はないが，例えば巡回セールスマン問題のように一見するとやさしい問題が，実際にはデータ数の指数乗に比例する計算時間を要することを紹介し，その具体的な時間を示すことによって実感させることが望ましい．

6·3　プログラミングの指導法

　ここでは，プログラミング環境 PEN[1] 用いて，「順次」「分岐」「反復」という三つの基本的な論理構造を中心としたプログラミングの指導法について見ていく．

　PEN はセンター試験の「情報関係基礎」の出題に用いられている日本語表記のプログラミング言語をベースとしたフリーのプログラミング環境であり，変数の内容を表示したり，プログラムのスロー実行や 1 行ずつのステップ実行が可能である．

6·3·1 順次処理

まず基本となるのは，プログラムは記述された順に実行されるということである．

これは当たり前のことであるが，この段階からつまずく生徒もいるので，この基本が理解できているかをまず確認する必要がある．簡単な例題を用い，ステップ実行機能などを用いて，プログラムが順次実行されていることをしっかり確認させる．例題としては単純な計算よりも，2変数間の値の交換のように，1ステップ実行するごとに変数の値がどう変化するかなどを確認させるようなものが望ましい．

また，この際に変数の値がどのように変化するかなどを図示させることも有効である（図 6·1）．

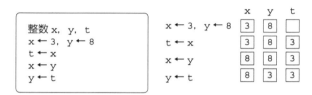

図 6·1　2 変数の交換

6·3·2 分岐処理

プログラムは変数や値の比較などの条件を判断することにより処理を分岐する．これを組み合わせることで一つのプログラムでさまざまな処理を行うことができる．分岐処理の学習は，具体的なプログラムの話題に入る前に，自分の日常生活においての行動の場合分けなどを想定した演習を行い，その必要性を感じさせることも有効であろう．

例題に関しては，図 6·2 のおみくじプログラムのように，簡単であるが興味を持ちやすいものとし，その後に各生徒独自の内容に改変させるような演習を行わせるとよいであろう．

すでに中学校などで基本的なプログラミングを学んでいる生徒を対象にするのであれば，有限オートマトンを表現する状態遷移図を描かせ，そのプログラムを作らせることもおもしろい．

```
整数 r
r ← random(10)
もし r≧8 ならば
   │ 「大吉です」を表示する
を実行し，そうでなくもし r≧3 ならば
   │ 「吉です」を表示する
を実行し，そうでなければ
   │ 「凶です」を表示する
を実行する
```

図 6·2　おみくじプログラム

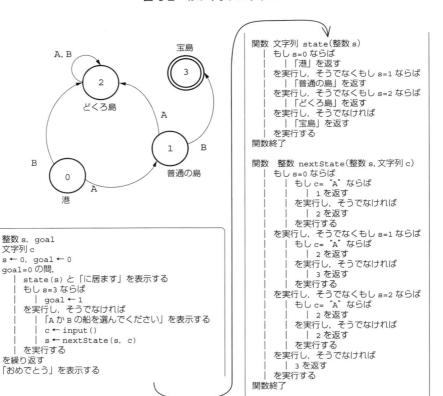

図 6·3　宝島探しの状態遷移図とプログラム

図 6·3 は，港からスタートし宝島を探すというシチュエーションを模した状態遷移図を描き，それをプログラムにした例である．状態遷移図については，「コンピュータを使わない情報教育」[2] の手法を用い，ゲーム的な要素を持たせて学習さ

せると，生徒は比較的容易にその概念を理解することができる．プログラムは多少長くなるが，例を示し，「現在の状態と入力をあわせて条件判断し，次の状態を決める」という基本を理解させれば，生徒が例をベースに各自の状態遷移図をプログラムにすることは難しくない．また，作成したプログラムを生徒どうしで交換させて，元の状態遷移図が復元できるかを競わせるという授業展開も生徒の意欲を喚起するうえで有効である．

まとめとしては，コンピュータで問題を解決する際に，その問題を状態遷移図として表現することによってモデル化すれば，ほぼ機械的にプログラムが作成できることなどを紹介するとよいだろう．

6・3・3 反復処理

コンピュータを利用する最大の利点は高速に繰返しの処理が可能であることである．実際に繰返しで計算をさせる演習を事前に行い，人間では繰り返せる回数や時間に限界があることを実感させてから，プログラミングの演習を行うことが有効である．

初歩の例としては，1から順に整数の和を求めるプログラムが考えられる．最初は，図6・4左のプログラムのようにあえて繰返しを使わず，1から10までの和を求めるプログラムを作成させる．続いて，100や1000までの和の計算を考えさせ，この方法では限界があることに気づかせる．その後，繰返し処理を使ったプログラムを紹介し，繰返しの回数を変えるだけでその数までの和を求めることができるということを理解させる．繰返し処理では，ループ変数などが繰返し処理の中でどのように変化していくかを理解することが重要となるので，そのために

```
整数 a
a ← 0
a ← a + 1
a ← a + 2
a ← a + 3
a ← a + 4
…
a ← a + 9
a ← a + 10
```

```
整数 a, i
a ← 0
i を 1 から 1000 まで 1 ずつ増やしながら，
    | a ← a + i
を繰り返す
a を表示する
```

図 6・4　1 から順に整数の和を求めるプログラム

ステップ実行機能を使うなどして，プログラムをトレースさせるとよいだろう．

6・2でも述べたように，プログラムの性能を生かすためには，効率の良いプログラムを作成する必要がある．処理時間を短くするためには，繰返し処理において，その回数を必要最小限に抑える必要がある．このことを学ぶためには，複数のアルゴリズムを試し，その差を実感することが重要である．

図6.5は1000までの素数を求めるプログラムである．左上は，最も単純な方法で，2から1000までの整数iに対して，2から$i-1$までの数で割り切れるかどうかを調べることによって素数かどうかを判定している．当然，このアルゴリズムは効率が悪く，計算に時間がかかる[*1]．実は，割り切れるかどうかを調べる繰返しの処理は，$i-1$まで行う必要はなく，$\sqrt{i}$まででよい．また，一度割り切れる数が見つかれば，そのときのiは素数ではないので，その繰返しを中断し次

```
整数 i, j, sosu
i を 2 から 1000 まで 1 ずつ増やしながら，
 | sosu ← 1
 | j を 2 から i-1 まで 1 ずつ増やしながら，
 | | もし i % j = 0 ならば
 | | | sosu ← 0
 | | を実行する
 | を繰り返す
 | もし sosu=1 ならば
 | | i と「 」を改行なしで表示する
 | を実行する
を繰り返す
```

```
整数 SOSU[1000], i, j, n, t
SOSU[0] ← 0, SOSU[1] ← 0
n ← 1000
i を 2 から n まで 1 ずつ増やしながら，
 | SOSU[i] ← 1
を繰り返す
t ← sqrt(n)
i を 2 から t まで 1 ずつ増やしながら，
 | もし SOSU[i] = 1 ならば
 | | j ← i + i
 | | j ≦ n の間，
 | | | SOSU[j] ← 0
 | | | j ← j + i
 | | を繰り返す
 | を実行する
を繰り返す
i を 2 から n まで 1 ずつ増やしながら，
 | もし SOSU[i] = 1 ならば
 | | i と「 」を改行なしで表示する
 | を実行する
を繰り返す
```

```
整数 i, j, t, sosu
i を 2 から 1000 まで 1 ずつ増やしながら，
 | sosu ← 1
 | t ← sqrt(i)
 | j を 2 から t まで 1 ずつ増やしながら，
 | | もし i % j = 0 ならば
 | | | sosu ← 0
 | | | 繰り返しを抜ける
 | | を実行する
 | を繰り返す
 | もし sosu=1 ならば
 | | i と「 」を改行なしで表示する
 | を実行する
を繰り返す
```

図 6.5 素数を求めるプログラム

[*1] プログラミング環境 PEN では，常時，プログラムの実行箇所をマーキングしてトレースを行うが，その処理に一定の時間を要するため，繰返し処理が多いプログラムを実行した場合には時間がかかることが実感できる．

の数を調べればよい．この変更を行ったのが左下のプログラムで，この変更だけでも計算時間はかなり短くなる．さらに高速に計算するため，「エラトステネスのふるい」のアルゴリズムを使って素数を求めるのが右のプログラムである．これは，素数かどうかを示すリスト（配列 SOSU の値が 1 であればリスト上にあるとする）を用意しておき，最も小さな素数である 2 から順にその倍数をリストから除外する（配列 SOSU の値を 0 とする）．調査対象の数を順に大きくし，$\sqrt{n}$（ここでは $n = 1000$）まで調べるが，リストから外された数については調べない．したがって，調査対象の数はかなり少なくなり，計算時間が短くなる．最後に，リスト上に残っている数が素数となる．

各プログラムで要する時間はデータ数（この例の場合，求める素数の上限）と関係する．求める素数の上限を変化させ，それぞれに要する時間を記録して，グラフにプロットし，その関係を比較させることも重要である．

演習問題

問1 教育用に開発されたプログラミング言語やプログラミング環境について調べよ．また，そのいくつかを実際に使い，特徴を比較せよ．

問2 基本的なプログラミングの構造を理解させることを目的とした授業計画を作成せよ．

問3 授業で扱うのに適した，アルゴリズムを比較するための題材をあげよ．

参考文献

1) 初学者向けプログラミング教育環境 PEN Web ページ
   http://www.media.osaka-cu.ac.jp/PEN/
2) 兼宗　進監訳：コンピュータを使わない情報教育　アンプラグドコンピュータサイエンス，イーテキスト研究所（2007）

7章 情報検索とデータベースの指導法

本章では情報検索とデータベースの指導について述べる．これらについてはいずれも，それぞれまず前提として「情報の整理と検索の必要性」「データの重要性」について理解させ，それに基づいて具体的な内容に進むようにしたい．

7・1 情報の整理と検索の必要性

今日の「情報社会」では，「情報」が大きな価値を持つようになってきている．例えば，自分が欲しい品物があったとして，それについて「どこで，いつ，安売りをしている」という情報があれば，その分だけ廉価に入手できるので，その情報には得をした分だけの金銭的価値があることになる．また，その品物が限定商品でふだんはいくら金銭を払っても手に入らないとしたら，その情報の価値は欲しい当人にとってはお金に替えられないくらい大きいかも知れない．

授業案：生徒に「情報には価値があるか」と問いかけてみる．価値があると答えた場合，さらに「なぜ価値があるといえるのか」「その価値を計る（お金に換算する）としたら，どういうふうにするか」考えさせる．

評価点：情報に価値があることを筋道立てて論述できる．価値の評価方法を一つ以上提示できる[1]．

情報には価値があるので，情報を収集して活用することは重要である．ただし，収集した情報を必要なときに役立てるためには整理が必要である（図 7・1）．

この場合の「整理する」とは，どういうことだろう？ 部屋にあるものを整理するというのなら，「見た目がきれいなように」とか「スペースが有効に使えるように」などの目的も考えられるが，情報の場合は「必要なときに取り出せる」こ

---

[1] ここで評価点としているのは，授業において目標として欲しい点，および生徒の達成度を特に見て欲しい点である．観点別評価の評価点については 14 章を参照のこと．

7章 情報検索とデータベースの指導法

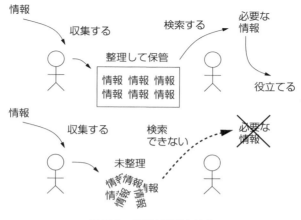

図 7·1　情報の整理と検索

と，つまり「検索できる」ようにすることが目的である．では「検索できる」ためにはどうすればよいだろうか？

授業案：生徒に A4 判の大きさの紙でさまざまな情報が書かれたものを 10 枚程度配布し「先生がいった情報の書かれたものをできるだけ早く取り出せるように準備しよう」と指示して 5 分間時間を与える．その後「○○について書かれているもの！」と指示して各自それが書かれた紙を掲げさせる．その後，どのような準備をした生徒が成功しているか，皆に考えさせる（紙に番号を振って目次ないし一覧表を作成した生徒が有利であるはず）．

評価点：情報を整理するとはどういうことかわかっている．分類による整理と索引による整理のどちらかが実践できる．

　本や書類などの情報を検索しやすくするための手段としては，主に次のものがある：
- 内容に従って整理して収納する——自然な方法だが，分類方法を決めてその通りに並べるのは手間が掛かるし，その分類方法に合っていない検索はうまくいかない．
- 索引をつける——本や書類は単に番号をつけて順に保管し，それとは別にある分類とその分類に属する本や書類の番号の対応表（索引）を用意する．分類

方法を幾通りも用意できるという利点がある．

今日ではコンピュータを使って索引情報を管理したり検索することで，一層効率的な管理と検索が可能になっている．

7.2 情報検索と検索エンジン

WWW 上には膨大な数の Web ページがあり，その中には自分にとって価値のある情報も多く含まれている．このため，ユーザが探したい情報を表す検索語を入力すると，Web 上の情報からその検索語に関連していそうなページのリストを提示してくれる検索エンジンが重要になっている．

検索エンジンでは，各所にある Web サーバから Web ページの HTML を取り寄せて解析し，またそこに含まれているリンクをたどってリンク先の Web ページを取り寄せる，というようにして多数の Web ページの情報を自動収集するソフトを使用している（これをロボットとかクローラと呼ぶ）．

各ページの HTML に対しては，例えば次のような処理が行われる．

- どのような単語を含んでいるかを取り出して記録する．
- そのページがどれくらい多く参照されているかを記録する．

実際にユーザーが検索エンジンで検索を行ったときは，これらの情報をもとに，関連があり，かつ有用そうなページを抽出してきて提示することになる．

検索エンジンでは数十億ものページをクロールして情報収集しているので，よくある単語で検索した場合，きわめて多数のページが見つかってしまう．例えば「サッカー」をグーグルで検索すると 2 億ページくらい見つかる．これでは，それを順番に見ていくことなど到底おぼつかない．検索エンジンでは最初のほうに「人気がある」サイトや「広告のお金を払った」サイトがあげられるので，それだけ見ていれば済むと思う人もいるかも知れないが，それでは偏った情報しか得られない危険があるし，多数の情報の掲載された人気サイトから必要な情報までリンクをたどっていくのでは，非常に時間が掛かってしまう．

検索エンジンで自分が欲しい情報に迅速に到達するには，次のことがらが大切である．

- 自分が欲しい情報を表す適切な検索語を複数選ぶ．
- 検索語を増やしていって「それらすべての語を含む」ページだけを抽出することで（AND 検索による絞り込み），直接見てみるページを少数に抑える．

授業案：生徒の誰かに疑問を持っていて調べたいことがらをあげさせ，全員で「どのような検索語を指定するといいと思うか」をそれぞれ考えさせ，黒板に書く．続いて，これらの単語を指定して絞り込み検索を行わせ，どのような検索指定でどれくらいどんなページが見つかったかを記録させる．最後にどのような検索が有効だったかをまとめさせる．

評価点：どのような検索語を選び，どのように絞り込み検索することで効率良く目的の情報に到達できるか，わかっている，ないし説明できる．

7・3 データの重要性

データと情報は同じ意味で使われることもあるが，「データ」とは単にものごとに関する知らせ（例：商品○○は商店××では△円で売られていた）であり，その中からそれぞれの人にとって価値があるものが「情報」である，という区別のもとに扱うこともある．

この節では上とは違った意味で，「情報システムの内部に蓄積されているものごとの知らせ」のことをデータと呼ぶ．例えば，銀行のシステムであれば「誰の口座にいくら残高がある」「いつ，誰の口座から誰の口座にいくら振り込んだ」などがデータであるし，航空機の予約システムであれば「何年何月何日の○○便の座席は何席予約ずみで，各搭乗者の名前は何か」などがデータとなる．

そして，今日の情報システムの心臓部となるのは，これらのデータである．例えば，銀行のシステムの機器の一部が災害などに会って壊れてしまったとする．データが正しく保管されてさえいれば，機器を復旧して業務を続けることができる．しかし，機器に全く問題がなくても，ソフトウェアの間違いや悪意ある人間の行為などにより各口座の残高のデータがすべて消されてしまったとしたら，業務を続けようとしても，どうにもならない．

授業例：個人商店，銀行，生保，通販会社などから一つ選んで「災害で○○（人命以外のもの）が失われてしまったとしたら，もはや事業が継続できなくなるような○○とは何か．ただし，金銭的損害は保険によって100％保証されるものとする」という問いかけをして答えを考えさせる．

評価点：情報の喪失は回復不能であること，組織によっては情報が本質的に重要な位置づけにあることを理解している．

7・4 データベースとDBMS

データベース（database）とは文字通り「データの基地」，つまり大量のデータを蓄積し利用できるようにしたものをいう．この定義からは，WWW も，計算機と関係なく紙で資料を収集し整理してあるものも，データベースだといえる．しかしより狭い意味では，データベースとは次のようなものだと考える．

- 収集するデータに対してある程度決まった形や構造を持たせ，
- 計算機システムによる管理/検索/内容更新を効率良く行えるようにした，
- 範囲の定まった，そして明確に管理されている，
- データの集合体．

データベースを実現するソフトウェアのことを DBMS（DataBase Management System，データベース管理システム）と呼ぶ[*2]．DBMS の基本的な機能は「決まった形のデータの集まりを格納し管理する」ことであるが，それに付随して次のような重要な機能も提供している．

- 整合性管理：正しくないデータがデータベースに追加されないようにチェックする．
- 並行制御：複数の利用者やソフトウェアが同時にデータベースにアクセスしてきてもデータに矛盾が生じないようにする．
- データ保全：停電や機器の故障などのトラブルがあってもデータが失われたり不完全にならないようにする．
- アクセス制御：権限のない利用者やソフトウェアがデータをアクセスしたり書き換えたりしないようにする．

授業例：「情報をしまう金庫」のような場所を想定させて，その金庫が満たすべき条件をできるだけ多く考えさせる．

評価点：データが「なくなる」のはもちろん困るが，「間違ったものになる」ことも同じか，それ以上に困ることを理解している．

[*2] DBMS はミドルウェア（OS には含まれていないが重要な基本機能を提供するための基本ソフトウェア）の一種である．DBMS には商用のもの（Oracle, Microsoft SQL Server など）もあるが，フリーのもの（PostgreSQL, MySQL など）も広く使われている．

7・5 関係モデルと関係データベース

データベースではデータに「ある程度決まった構造」を持たせることはすでに述べた．この決まった構造のことを「スキーマ」と呼び，スキーマを決める枠組み（データをどのような形で定式化するか）のことをデータモデルと呼ぶ．今日の多くのDBMSでは，関係モデルと呼ばれるデータモデルを採用していて，そのようなデータベースを関係データベース（RDB：Relational DataBase）と呼ぶ．

RDBのデータは表の集まりとして格納される．RDBの用語では，一つの表を「関係 (relation)」，表に属する個々のデータを「組 (tuple)」，表に属する各データが持つ列に対応するデータを「属性 (attribute)」と呼ぶ．また，属性の部分集合で，その関係に含まれる組を一意的に指定できる最小のものを「候補キー (candidate key)」，その中で実際に組を指定するのに主として使うものを，「主キー (primary key)」と呼ぶ．

図7・2に関係データベースの例を示す．

RDBでは，データベースに対して検索や更新などの操作を行うためにSQLと呼ばれる言語を用いる．SQLは「データ操作言語」であり，関係（表）を作ったり削除したり，その中に入っているデータを操作するための命令一式を持っている．

SQLという標準化された言語があるおかげで，RDBを扱うプログラムはDBMSの種類に関わらず，おおむね同様に開発することができている．

7・6 データウェアハウスとデータマイニング

DBMSは情報システムにおいて主に2通りの形で使われる．一つは実際に予約や取引などの業務に使うデータを保持するデータベースで，業務データベースと呼ばれる．そしてもう一つは，業務などから得られたデータを蓄積し，分析する

社員データ

社員番号	氏名	年齢
u182	田中太郎	24
u241	鈴木由佳	33
u007	中原祐二	28

取引先

取引先番号	社名	年商額
t0142	A商事	300,000,000
t1988	C興産	120,000,000
t2401	B電業	90,000,000

担当

社員番号	取引先番号
u182	t2401
u007	t1988
u241	t0142

図7・2 関係データベースの例

ことで業務やその他の活動を改良するために用いるデータベースで，これを情報系データベースと呼ぶ．

　系統的に設計された情報系データベースで業務活動の多面的な分析に活用できるようになっているものをデータウェアハウスと呼ぶ．情報系データベースやデータウェアハウスが必要なのは，業務データベースは日常の業務活動のために設計されていて，長期間のデータを保持して多面的に分析するようにはできていないからである．

　例えば，スーパーマーケットのPOSデータに基づいたデータウェアハウスを考える．「商品，店舗，販売日時，販売数，価格，ポイントカード番号」のデータが長期間にわたって蓄積されていれば，これをもとにして季節ごとや特定曜日にどの商品がよく売れるかを分析し，仕入れに役立てることができる．また，値引き販売によりどれだけ販売数が増えたかも調べられるので（他の商品と組み合わせてセールスしたときの効果もわかる），セールの計画に役立てられる．ポイントカード番号を活用すれば，どのような性別や年齢の顧客が何と何を買ったかも調べられ，ターゲットを絞った販売計画が立てられる．

　このように，データウェアハウスを使うことで，単なる「観察」や「カン」ではなくデータに基づいた業務戦略を組み立てることが可能となる．

　データウェアハウスでは「何と何の関係を調べる」と決めてそのデータを取り出し分析するが，「○○が売れているときは××は売れていない」など一見して思いつきにくい情報は（取り出してみようと思わないので）発見されにくい．これに対し，専用のソフトウェアを使って，データに隠された一見わかりにくい特性を発見することをデータマイニングと呼ぶ．データマイニングの技術を用いることで，各種の情報をよりうまく活用できた事例も多くある（図7・3）．

　また今日では，深層学習（ディープラーニング）と呼ばれる人工知能技術の応用により，人間が行うのと同様のデータの判別をソフトウェアに行わせることが可能になってきており，その活用も期待されている．

授業例：あるコンビニで「何月何日何時に，どのくらいの年齢の男性（女性）が，何と何を買った」というデータが全部蓄積されていたとして，自分が店長なら，そのデータからどんな情報を取り出して売上げ増（またはコスト軽減）に結びつけるかを考えさせる．

7章 情報検索とデータベースの指導法　77

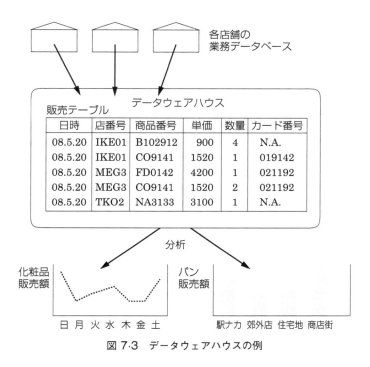

図7·3　データウェアハウスの例

評価点：詳細なデータがあれば，そこからさまざまな知見が引き出せることを理解している，ないし説明できる．

演習問題

問1　「情報の価値を計る方法」をできるだけ多くあげてみよ．

問2　自分が情報を整理するのにどのような方法を使っているか説明せよ．または，情報を整理していなかったために困った体験について説明せよ．

問3　ふだん使っている検索サービスで検索語を一つから二つ，三つと増やしていくと，どのように結果が変化していくか確認せよ．

問4　身のまわりにある情報システム（銀行，切符の予約など）をあげ，その中ではどのようなデータが保管されていて，それが破損喪失したらどうなるかを考えてみよ．

問5　DBMSに備わっている「整合性管理」「並行制御」「データ保全」「アクセ

ス制御」などの機能がうまく働かないと，どのような不都合が生じるか考えてみよ．

問6 コンビニのPOSデータから作られたデータウェアハウスがあったとする．自分が店長だとしたら，どのような分析を行って売上げを伸ばす工夫をすると思うか考えよ．

参考文献

1) 上向井照彦，松田 稔：リレーショナルデータベース，日刊工業新聞社（2004）
2) ラルフ・キンボール著，藤本，他訳：データウェアハウスツールキット，日経BP（1998）

第4部
情報社会に参画する態度の指導法

　第4部では，情報モラル，情報倫理，メディアリテラシー，通信ネットワークとコミュニケーション，情報システム，情報社会について，それを授業でどのように取り上げるべきかを述べる．

　この部分は，平成15年度から施行された課程においては，「情報C」で主に取り上げられ，平成25年から実施されている課程においては「社会と情報」で主に取り上げられているが，一方で，重点の置き方こそ異なるものの「情報の科学」でも必ず取り上げられなければならない分野である．

第4部「情報社会に参画する態度の指導法」の概説

第4部で扱う項目群の特性を概観すると,
(1) 人間性と機械性
(2) 基礎と応用

の2軸が現われている.

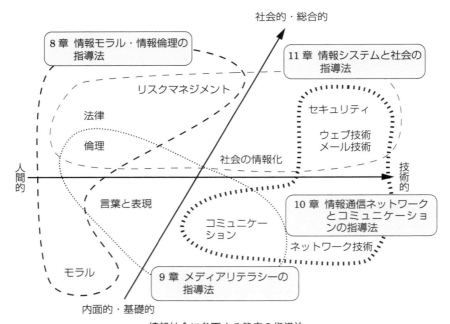

情報社会に参画する態度の指導法

まず基礎理論として,道徳（モラル),倫理と情報行為の関係を取り上げる. その後,応用例として,メディアリテラシーの重要性と授業の方法,そして, メールやWebに代表されるネットワークの仕組みとコミュニケーションの問題点,そして,現代社会を構成する情報システムの仕組みと,情報システムを利用する人間に求められる適切な運用への態度と知識である.

高等学校の授業で取り上げる場合,本領域に対する生徒の関心・意欲・態度も重要であるが,それのみならず,情報社会に対する正確かつ十分な知識も必要となる. また,この領域を担当する教員は,この分野についてさらに深い理解と,さ

まざまな問題に対処できる思考力・判断力も求められる．

そこで本領域では，教員の思考力・判断力を支える通信ネットワークや情報システムに関する知識についても十分に取り上げる．

(1) 人間性と機械性

この軸を図の左右の軸として描いてみる．この軸は人に関わる問題と技術に関わる問題の軸である．軸の左側には「人間的」な要素，モラル，言葉，倫理，法律が属し，軸の右側には「技術的」な要素，ネットワーク技術，メール技術，Web技術，セキュリティが並ぶ．

(2) 基礎と応用

次に，基礎と応用の軸を図の上下の軸として描く．それは，人間性と機械性の違いにより，2通りの現われ方をする．

- 人の内面に関わる「ひとりの問題」と社会を構成するときの問題の軸
- 要素技術に関わる問題とシステムが作る問題の軸

まず，「細かく分解されたり，本質的なものとは何か？」を考える意味では，図の下側には「内面的・基礎的」な要素，例えば文学，哲学，数学などの学問や，ネットワークの基本的な仕組み（特にレイヤが低いほう）などが属する．

- 一方，図の上側には「社会や，システム」を考えるうえでの要素が属していて，「社会的」な要素，具体的には，法律，リスクマネジメント，セキュリティが属している．

第4部では，これらの内容を次の四つの章で扱う．

|8章| 情報モラル・情報倫理の指導法 — 図の左側にある人間的な内容について議論する．

|9章| メディアリテラシーの指導法 — 図の左中側の言語を中心とした部分を中心に議論する．

|10章| 情報通信ネットワークとコミュニケーションの指導法 — 図の右側の技術的な内容について議論する．

|11章| 情報システムと社会の指導法 — 図の上側に属する，人と人，技術と技術，人と技術が組み合わされた情報社会について扱う．

8 章
情報モラル・情報倫理の指導法

本章では，「情報モラル・情報倫理」の教育が押しつけでなく，生徒の内的・外的判断基準として構築されるための教育方法について取り上げる[*1]．

8·1 情報モラル・情報倫理とは
まず，情報モラル・情報倫理の言葉で語られている対象について確認をする．

8·1·1 「情報モラル・情報倫理」に対する認識
「情報モラル・情報倫理」という言葉で語られるものには，以下のようなバリエーションがある．
- 計算機教室・ネットワーク利用規則
- 利用規則の主旨
- 集団・組織における行動基準
- 俗に「有害コンテンツ」と呼ばれるものの基準
- 大原則，黄金律
- 矛盾した状況における拠り所，倫理的判断

同じ言葉に対して，これほど多様な意味があるという事実を学習者（生徒）に対して説明するだけでも，学習者（生徒）が「情報倫理とは何か？ 何を目指したものか？」を考えるようになるきっかけになる．

8·1·2 扱う内容の階層化（教師が把握しておくべき階層）
ここでは，情報モラル・情報倫理の階層構造について述べる．

[*1] なお，情報モラル・情報倫理と密接に関連する「メディアリテラシー」については，9 章で取り扱う．

8章　情報モラル・情報倫理の指導法

〔1〕 規範倫理としての黄金律

　本来,「倫理」は「論理」「美学」と並ぶ哲学の一領域であり,「人は社会でいかに生きるべきか」といった問いかけの中に「倫理」があり,「道徳規範のあり方」と「善とは何か」を考える学問は「規範倫理学」とも呼ばれる.

　では,情報社会に限らず,規範倫理として不変な真理には何があるだろうか？本書では,重要な一つの真理として,以下の考え方を中心[*2]に置く.

> 黄金律「自分に対するのと同じように他者に対せよ」

〔2〕 応用倫理としての情報倫理

　「医者はいかに医術を使うべきか」「物理学者はいかに物理学を使うべきか」のように職業・技能に関する内容を含むものが「応用倫理」である.ここでは,情報倫理を「情報化社会における秩序維持のために,利用者,管理者が知らなければならない知識（メタ知識を含む）」であるものとする.

　ここで注意したいのは,「情報処理作業従事者はいかに情報通信ネットワークを使うべきか」のように「職業として計算機を操作する人」だけを対象とした職業倫理として情報倫理をとらえるのではなく,「電子メールを書く人は,メールの生産者である」「Webページを見る人は,Webコンテンツの消費者である」という視点が必要になるということである.

〔3〕 不安定で,頻繁に変わる情報技術・情報インフラの知識

　情報モラル・情報倫理を構成するうえで,その背景を構成する情報技術に関する知識の存在は,意識しておく必要がある.

　例えば,以前のインターネット利用者の間では,「電子メールにつける署名は4行以内」という「エチケット」があった.この論拠は,以下の2項に分解される,といえる.

[*2] 聖書ではマタイによる福音書の7章12に「何事でも人々からして欲しいとのぞむことは,人々にもそのとおりにせよ」（日本聖書協会1954年改訳による）とある.孔子は「己の欲せざるところ,人に施す事なかれ」と論語で説いているが,これも黄金律と同じと見なしてよい.仏教やイスラム教,論語など,世界中の宗教・思想書にも,同じ意味のことが記されている.「同じ行為でも人によって受け止め方が違うので,黄金律は絶対ではない」というように異を唱える立場もある.また,この異論に対する反論や,全く異なる原理を規範に置く場合などもある[1].

- 「自分が迷惑をかけられたくないなら他人に迷惑をかけるな」という黄金律
- ネットワークトラフィックを前提とした「何が迷惑か」の基準

このとき，ネットワークトラフィックの現状が，このエチケットに大きな影響を与えていることは注意すべきである．

〔4〕 モラルと情報モラル

本書では情報モラルを「情報社会におけるモラル」ととらえる．

モラル（道徳）とは，「正直であれ」「義務を果たせ」など，人間が内的に持っている徳・善悪と美意識の問題から生じる規範に対する内面的な態度[*3]であり，複数の人が作る社会において，（程度の大小はあれど）明文化された倫理や法とは異なる．

〔5〕 情報モラルと情報倫理

例えば「嘘をつく」「義務を果たさない」など，どの社会においても共通して容認されない行為は，どの社会の人間にも共通する「モラルに反する（道徳的でない）悪い行為」である．一方，ある社会では容認されないが，別の社会では容認されるかもしれない行為[*4]は，「倫理に反する（あるいは反しない）『罪』」であり，社会に関わる以上，程度の差はあれ，法やルールやマナーやエチケットなどとして明文化される．

いま，「モラルと倫理とを区別して考える」ならば，情報倫理は社会に依存し，内的な規範である情報モラルは外部からの影響を受けない．しかし，実際の情報社会における行為を判断するには，情報機器や情報インフラの影響を無視できない．したがって，情報モラルと情報倫理との区別がつきにくい，ともいえる．

〔6〕 関連法令（著作権と個人情報保護）

法的知識のうち，著作権法と個人情報保護法は，情報モラル・情報倫理を構成するうえで重要である．特に著作者人格権に属する同一性保持権と氏名表示権に

[*3] 20世紀のフランスの哲学者ジル・ドゥルーズは，著書「スピノザ・実践の哲学」[2)]において，道徳は「内的な根拠による『〜すべし』」に従うのに対し，エチカ（倫理）は社会的な規範である，としている．また，和辻哲郎は，著書「人間の学としての倫理学」[3)]において，「我々は（中略）倫理という概念を，主観的道徳意識から区別しつつ，作り上げることができる．（中略）それは人々の間柄の道であり秩序であって，それがあるゆえに間柄そのものが可能にせられる．」と述べ，主観的道徳意識と，人間どうしの関係の上に成り立つ倫理とを区別している．

[*4] 例えば，一夫多妻制の社会では，重婚は倫理に反しない．

ついては，その情報の質の維持と著作権者を尊重する（剽窃を防ぐ）という意味からも，情報モラルの観点から非常に重要である．一方，複製権などに代表される金銭的対価と関連する権利は経済や社会と関連しているため，情報倫理との関係が高い．

また，プライバシー権や，個人情報の取扱いについては，以前は，もっぱら個人の不快感などの心理的な内容として取り扱われてきたが，個人情報から金銭的な利益が得られるようになるにつれ，経済的な価値に注目が移りつつある．さらに，特許権，商標権，工業意匠権などの権利については，職業的な応用倫理としての情報倫理の観点でとらえるほうが望ましい．一方，不正アクセス防止法や，プロバイダー責任法，出会い系サイト規制法などの法令は，民法や商法，あるいは刑法などの法令と結びついているととらえることが望ましく，次項で述べる情報危機管理の観点でとらえるべきである，といえる．

〔7〕 情報危機管理

　危機管理とは，危機（リスク）を発見・評価（リスクアセスメント）し，対応策を作ることである．本章ではこれを，「技術・インフラ的」「費用・保険的」「制度・人事的」「教育・研修的」「法令・規約的」の五つの側面について，以下のことがらを行うものとしてとらえる．

・事前対応：危機が起こらないようにする対策を講じておく
・事中対応：危機が起こったときに対応する
・事後準備：危機が起こったときの処理方針をあらかじめ決めておく
・事後対応：危機が起こった後の復旧計画をあらかじめ決めておく

　例えば，「生徒が学校裏サイトによるいじめの被害者になる」というリスクを考える（この時点で発見は終わっている）と，人事的な対応で事前に可能なものとしては，学校裏サイトによるいじめが発生しないように，担任教員が生徒に定期的にヒアリングする制度を作ることが考えられる．また，事後準備として教育的に行えるものとしては，そのような生徒を発見したときに教員が被害者の生徒にどのように対応すべきかについて，研修会などを開催したり，教員間の緊急連絡網を整備するという活動が考えられる．なお，以下の違いには注意をしておくべきである．

・情報モラル・情報倫理には，「何が人間・社会にとって大切なのか」といった問いかけが含まれる

・情報危機管理には「技術的な知識による工夫」が含まれる

したがって,「応用倫理学としての情報倫理」に「情報危機管理」が持つ技術や経済などの視点を付加することで,情報倫理の目標である「情報化社会における秩序維持」が達成できるようになる.

〔8〕 階層構造のまとめ

これまでに述べてきたことをまとめて**図 8·1** に示す.

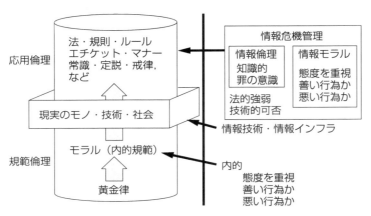

図 8·1　情報倫理・情報モラルに関わる階層構造

根底には規範倫理としての黄金律がある一方,現実の社会はさまざまなモノ・技術で動いている.結果として,応用倫理としての法令やルール・マナーなどが必要になる.これらを情報社会の立場で見れば,現実のモノ・技術は情報技術や情報インフラであり,法令・規則・ルールに該当するのは情報倫理や情報モラルとなる.そして,情報に関する分野を総合的にとらえるのが情報危機管理となる.

8·1·3　矛盾（ジレンマ）

「倫理」という言葉の使い方の中には,「複数の原理・原則を同時に適用しようとしたときに生まれる矛盾（ジレンマ）を解決するときに参照される拠り所」という意味がある.これは例えば,以下の二つの状況が同時に発生する場合である.

・100 MB のメールは,過大なトラフィックとなるので,送ってはならない
・100 MB のメールを転送しなければ,ある人の生命に危機が及ぶので,転送しなければならない

このとき,「送るべきか,送ってはいけないか」を考える拠り所となるのが倫理的判断である,という考え方である.

教育現場において重要なのは,このような「対立する利益構造の存在」を認識させることである.また,判断基準は,状況と環境に応じて変化するということを取り上げることが重要である.なお,善悪と法的強弱が矛盾する例については,クリティカルシンキングの手法も用いて議論を行うべきであろう.クリティカルシンキングを行うことで,十分な検討と自己責任の態度に基づいて行動することが,結果として,「自分にとっての善」に従った行動となることもある.

8・2 指導方法

8・2・1 情報モラル教育・情報倫理教育

情報モラルを指導するにあたっては,以下に気をつけることが必要である.
- 黄金律などの基本原則の存在を意識する
- 内的な行動規範であるモラル(道徳)を重視する

一方,情報倫理教育には,
- 情報社会,情報化社会の成り立ち
- 技術的背景の理解,危機管理の考え方
- 情報社会,情報化社会において,人間がどのように生きるべきか,人はどのようにふるまうのかを考える態度

に関する知識・メタ知識(知識のあり方や知識の獲得方法に関する知識)を取り上げることが必要である.

評価の観点について

しかし,これらの内容を順番に取り上げ,知識・理解を最終目標とした授業を行っても,初期の目的である「情報通信ネットワークにおける秩序維持」が達成される可能性は低い.また,情報社会,情報化社会の成り立ちの前提となる技術や制度は頻繁に変更されるので,規則・ルールが変更される過程を体験的に学ぶことで,柔軟な運用力を育成するべきである.

そこで,情報モラル・情報倫理の評価観点としては,学習の初期には関心・意欲・態度や,基本的な知識・理解を重視しつつも,その内容についての柔軟な思

考・判断ができるかどうかを重視すべきである（なお，観点別評価については，14章を参照して欲しい）．

8・2・2 情報モラル・情報倫理の授業方法の分類

秩序を維持するために知らなければならない知識とは，情報社会・情報危機管理の知識である．実際に起こっている事件・事故の例を使って，ここでは，ケーススタディとしてこれらの知識を身につける，という方針をとる．

疑似体験型

マンガ，アニメ（フラッシュを使用したものも含む），ミニ映画などを利用して，事件などの当事者になった立場での状況を考える，あるいは，新聞社やテレビ局などのWebページを閲覧しながら，さまざまな「計算機システムに関わる事件・事故」について調査をするという方法である．

筆者（辰己）は，大学1〜2年生向けの「情報倫理デジタルビデオ教材」の開発に関わり，大学では大きな成果を上げているが，この教材はいくつかの高等学校でも活用されている．また，この教材の他にも，文部科学省や国立教育政策研究所などが設置している教育情報ナショナルセンターによる教材リンク集，その他NPOや教材制作企業，新聞社などのサイトや，テレビなどで放送されている情報モラル・情報倫理と関連する事件・事故に関する番組などを利用するとよい．

避難訓練・ロールプレイング型

まず，疑似体験型教材で正しい知識を学び，どのような事故・事件があるかということを知ったうえで，仮想的に，あるいは実際にトラブルを起こして，そこから復帰する経験を積むことで，情報モラル・情報倫理に関わる事件・事故を未然に防ごうという教育方法である．コンピュータの故障や，設定ミスなどが原因となるトラブルの場合は，実際にそのようなトラブルを起こさせてみることで有効な『避難訓練』が可能となる．

一方，ネットを使った誹謗中傷などのトラブルの場合は，実際にトラブルを起こすことは不適切であるので，仮想掲示板などを利用したロールプレイングの手法を用いて，事件・事故の対応を学ぶことになる．

レポート・プレゼン型

　まず，疑似体験型教材で正しい知識を学び，どのような事故・事件があるかということを知ったうえで，情報インフラや情報機器関係のトラブルへの対応を，生徒自らが考え，プレゼンテーションなどを利用して教室で発表させることで，事件・事故への対応方法を学ぶ構成主義的な方法である（図 8・2）．

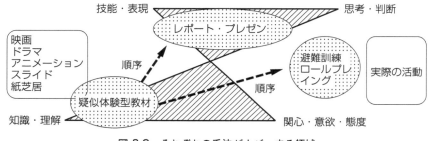

図 8・2　それぞれの手法がカバーする領域

　教員が解説をし，学習者（生徒）にその内容のレポートを作成・提出させたり，教室内でプレゼンテーションを利用して発表させる．学生が間違って理解している内容は教員が訂正する．こうすることで，情報化社会における倫理的判断・危機管理はどのように行われているか，誤った判断によって起こった事件・事故の例から，どう考えると誤った判断を起こしてしまうかが学びとれるようになる．

8・2・3　具体的な授業例

〔1〕　剽窃を防ぐ

　剽窃とは，他人が作成した文書などの著作物を，あたかも自分が作成したものであるかのようにして利用することである．情報ネットワークの発達以前は，生徒が小説や音楽の剽窃をしたとしても，それを広く発表しなければ本来の作家や音楽家には被害は生じず，また，生徒が学者や研究者の研究成果を剽窃しても，たいていの場合は見破られてしまっていた．ところが，現在は，これまでと異なる状況が進展している．特に，専門家でない人がさまざまな事象に対して独自の解説を公表するようになった結果，それを生徒が剽窃しても，教員が気がつかない．「素人が書いたものをコピー・ペーストして提出された宿題程度なら，先生はそれを見破ることができない」ということも発生するようになった．

この場合は，例えば，次のような事件のニュース映像やミニドラマを視聴することで，剽窃の問題の深刻さを考えさせるようにすることが適切である．

- 高校での剽窃による退学事例は明らかになっていないが，大学ではレポートや卒業論文への剽窃が発覚し，卒業取消しや退学などがすでに発生している．
- 政治家などが予算をもらっておきながら出かけていない出張レポートを Web で検索した内容から捏造し，それが発覚して辞職を余儀なくされている．

また，剽窃がなぜいけないかを危機管理の観点でとらえ，著作権法について考えさせることも重要である．この際も，著作権法の条文を覚えさせるのではなく，法の存在意義を考えさせ，法の趣旨を理解できるようにすることが重要である．

なお，剽窃について避難訓練・ロールプレイングを行うには，オリジナル著作物の準備に対する負担が大きく，レポート型で対応する場合は，そもそもそのレポートそのものが剽窃を経てしまう危険があり，いずれも適切とはいえない．

〔2〕 チェーンメール

チェーンメールの場合は，アニメや映画などによる疑似体験型の学習も効果的であるが，さらに，レポート型の学習活動も有効である．

例えば「チェーンメール」をテーマとして指定されたグループは，まず「チェーンメールとは何か？」を Web 検索エンジンなどを用いて調べはじめる．そして，何種類もの異なる「チェーンメール」の定義を見つけ，どれが正しいのか，どれが間違っているのかをグループ内で議論し，合意をとってから発表資料の作成を始める．発表の際は「献血依頼のチェーンメールの場合は仕方がない」という結論に至ることもある．その場合，教員は「チェーンメールになったことで病院の業務に支障が発生した事件例」を提示し，「このような場合にどんな方法を用いるべきか」について，議論をさせるべきであろう．ただ，ここで注意すべきなのは，「判断の根拠」である．「献血依頼メールの総量 100 MB は大きい」が，ネットワークやメールサーバの整備によって「大きくない」となった場合，結論は変化する．もちろん「100 MB は大きくないが，チェーンメールはすぐに総量が 10 倍になる」という状況が付加されると，やはり「チェーンメールは送付すべきでない」という結論になる．

〔3〕 掲示板でのケンカ・いじめ

掲示板でのケンカ・いじめを学ぶには，映画やビデオなどの視聴による疑似体験の他に，掲示板を利用したロールプレイングなども有効である．もちろん，こ

の際に用いる掲示板は，その授業のために外部から見えないように構築されるべきであり，一般に多くの人が利用している掲示板を用いてはならない．また，レポート・プレゼン発表方式も有効である．

　なお，このテーマについては，情報技術や情報インフラの問題でなく，単なるモラルの問題，そして犯罪の問題としてとらえるほうが適切な場合もある．すなわち，情報科の教員のみが関わる問題ではなく，広く生徒指導全体の問題としてとらえたり，学校カウンセラー，弁護士・警察との連携をすることも必要となる．

〔4〕　ネット中毒（ゲーム，動画サイト，SNS，プロフ）

　ネット中毒に関する教育は，情報モラルや情報倫理の枠で行うのではなく，情報危機管理の考え方で行うべきである．これは，ネット中毒になっている本人は，自分が悪い状態にあることを自覚しつつも止められないという病的な状態にあることから，内的行動基準に頼るモラルや，外的行動基準に頼る倫理ではなく，その行為がどれほど大きな被害を及ぼすかを事前に自覚させるようにする．

　特に，ネット中毒状態になる前の生徒に対して，「ネット中毒になってしまう人の心の隙間」を考え，発表させることなどが効果的である．

演習問題

問 1　「計算機教室の運用規則」を作り，それらを技術の変化が起こると改定が必要なものとそうでないものに分けよ．

問 2　情報倫理教育と英語以外の各教科との連係した場合の授業計画を作れ．

参考文献

1) 加藤尚武：現代倫理学入門，講談社学術文庫（1997）
2) ジル・ドゥルーズ（鈴木雅大訳）：スピノザ・実践の哲学，平凡社ライブラリー（440）（1994）
3) 和辻哲郎：人間の学としての倫理学，岩波書店（1949）
4) 辰己丈夫：情報化社会と情報倫理（第 2 版）共立出版（2003）

9 章
メディアリテラシーの指導法

　メディアが流す情報の特徴を理解し，その内容を分析する能力，さらにメディアを適切に利用して情報発信することができる能力を，メディアリテラシーという．
　本章では，主として高等学校でのメディアリテラシー教育を考える．そこでは，メディアを流れる情報をクリティカルに分析することで，メディアからの大量の情報を生徒たちが正しく読み解くことができるような能力の育成に焦点を当てる．これからの情報教育を担う教員としては，考察を深めていかなければならない分野の一つである．

9・1　メディアリテラシーの概念
　通常，情報伝達やコミュニケーションの手段はメディアと呼ばれるが，それを対象にしたリテラシーがメディアリテラシーである．鈴木みどりによる説明がよく知られている．それは，「メディア・リテラシーとは，市民がメディアを社会的文脈でクリティカルに分析し，評価し，メディアにアクセスし，多様な形態でコミュニケーションを作りだす力を指す．また，そのような力の獲得をめざす取組みもメディア・リテラシーという．」[1]となる．ここでは，主にマスメディアを対象とし，それに対峙する市民の姿勢が説かれている．メディア，特にマスメディアは，司法，行政，立法に次ぐ第四の権力と呼ばれることでもわかるように，その影響力は絶大である．そのためマスメディアは政治に利用されることも多く，ナチスドイツが1936年のベルリンオリンピックの映画を制作して国威発揚のために活用し，また，一家に1台ラジオを置いてプロパガンダに用いようとしたことは有名である．メディアリテラシーでは，メディアを流れる情報がどのような視点や価値観で書かれているかをクリティカルシンキング，つまり批判的に思考することで，メディアを分析するという立場が強調される．ここで，クリティカルシンキングというのは，単純に相手を非難するということではない．何が真実で

あり何が公正か，情報の意味を客観的に分析し，深く読み解き，理性的に判断することである．

一般的には，ここまでで述べたように，メディアから大量に流れてくる情報を正しく分析する能力を育成するのがメディアリテラシーであるとされるが，少し違う見方として，その国のメディア文化を学び育てるためのリテラシーという考えもある．つまり，その国の出版文化や映像文化を研究し，それらをさらに発展させるための教育がメディアリテラシーであるという立場である．いわゆる文芸論や映画論につながるという考え方である．いずれの立場でも，メディアをクリティカルに分析する能力の育成は必要である．

9.2 構成されるメディア

メディアは客観的な報道をしていると考えられるだろうか．新聞などマスメディアはいろいろな意見を公平に中立的に伝えていると考える人が多い，という世論調査もあるが，はたしてそうだろうか．例えば，いろいろな全国紙の記事の論調や社説を見れば，新聞社ごとに特徴があり，主張がかなり違うことはすぐにわかる．特に政治的な記事の場合，新聞社ごとに意見の違いが目立つ．

メディア，特にテレビやラジオでは視聴率を上げることを重視して低俗な番組を流すことがある．報道番組でも，何をニュースにするかはメディア側の考え方で決まる．ニュースになりやすい記事は，例えば「多くの人に関係があるもの」「人命に関わるもの」「緊急性を伴うもの」「珍しいもの」「興味本位で視聴できるもの」などが考えられる．これらに合うようなニュースが好まれて報道され，基準に合わない場合は捨てられる．どうしても報道したい場合は，いろいろな工夫が加えられてニュースとなる．

マスメディアの特徴を考えるとき，カナダのオンタリオ州教育省が1992年に提示した8項目の概念が参考になる[1]．

1. メディアはすべて構成されている．
2. メディアは「現実」を構成する．
3. オーディエンスがメディアを解釈し，意味を作り出す．
4. メディアは商業的意味を持つ．
5. メディアはものの考え方（イデオロギー）や価値観を伝えている．

6. メディアは社会的・政治的意味を持つ．
7. メディアは独自の様式，芸術性，技法，決まり，約束事を持つ．
8. クリティカルにメディアを読むことは，創造性を高め，多様な形態でコミュニケーションを作りだすことへとつながる．

　少し説明を加えておこう．
　1. は，情報には情報を出すほうの解釈が加わって，構成されているということである．その解釈は意識されたものもあるが，無意識に解釈して構成している場合もある．たとえば，事実を伝えるドキュメンタリーの内容でも構成されている．2. は，メディアによって構成された情報で，われわれは自分の周囲を取り巻く世界を作り上げてしまい，それを現実と受け止めているという意味である．3. は，オーディエンス，つまり情報の受け手は自分の年齢，性別，生い立ち，学習履歴などで情報を解釈するということである．つまり，同じ情報でもオーディエンスごとに違う解釈がなされているということである．7. は，テレビ，ラジオ，新聞，雑誌，映画など，メディアにはそれぞれの異なる表現様式があり，それに従って情報伝達がなされている．それらの様式を理解することで，より深いメディアリテラシーを得ることができる．学校教育でメディアリテラシー学習を進めるうえで，まず，これら8項目を生徒に理解させてから学習を進めることも，一つの方法である．
　最近，特に社会問題として注目されていることとして，マスメディアでの「演出」と「やらせ」の問題がある．テレビやラジオで視聴率を高めたいがために，過剰な演技や実際以上に問題点を際立たせた内容を，捏造してメディアに流すことがある．実際はたいした事件でもないのに，興味本位に重大な社会問題に仕立てあげることもある．その道の専門家や専門家と称する人物を登場させ，内容をもっともらしく見せ，しかもその専門家の発言を都合よく編集して，事実を作り上げることもある．制作費の関係で取材の順序を入れ替え，事実と違う内容が伝えられる場合もある．
　「演出」は伝える内容をよりよく理解してもらうために行う情報伝達上の「工夫」であり，嘘ではない．「やらせ」は視聴率を上げるために，ありもしないことをほんとうのこととして伝える完全な「捏造」である．このような説明を時折，見かけるが，それらの境界線は明確に確定できるものではない．情報教育でのメディ

アリテラシーでは，マスメディアを通して伝わってくる情報の特徴として，このような問題があることも生徒たちに学ばせる必要がある．

9・3　メディアの変化

メディアリテラシーの対象となるメディアは，新聞，雑誌，小説，電話，テレビ，ラジオ，映画，インターネットなどさまざま考えられる．それらの中でいくつかの関連する歴史を掲げてみる．

　　　1450 年：グーテンベルグによる活版印刷機の完成
　　　1702 年：初の日刊紙「ザ・デイリー・クーラント」がイギリスで創刊
　　　1876 年：グラハム・ベルが電話の実用特許取得
　　　1895 年：リュミエール兄弟が映画を公開
　　　1897 年：グリエルモ・マルコーニが無線電信会社設立
　　　1908 年：ド・フォレストがラジオ放送実験に成功
　　　1925 年：ジョン・ベアードがテレビ公開実験に成功
　　　1946 年：ENIAC コンピュータの完成
　　　1969 年：米国防総省がコンピュータネットワーク ARPANET を全米の 4
　　　　　　　か所（大学，研究機関）でつないだ．

日本の新聞では，1871 年に日本初の日刊紙「横浜毎日新聞」が創刊され，庶民の中に新聞が浸透していった．当時の新聞は文字や挿絵でニュースを伝えている．一方，それだけではなく現在の写真週刊誌のような新聞錦絵と呼ばれる出版物も同じ時期に出版されている．そこに載ったのはゴシップ記事や下世話な事件など，人びとの興味関心を満たすニュースで，多色刷りの版画で描かれていた．大量に情報を伝えるマスメディアが 20 世紀に台頭し，それに対応するリテラシーが始まったと考えるなら，メディアリテラシー研究は 20 世紀になってから始まったといえる．

現在では，インターネットを一つのメディアととらえることは普通に行われている．特に，テレビ放送がディジタル化され，通信のブロードバンド化が進む中で，放送と通信が融合して新しいメディアになった．IT ブームに乗ってインターネット企業が大きく成長し，民間放送会社を買収するなどの動きに伴って，インターネットと放送が融合した．

図 9·1　明治 21 年 7 月 10 日の東京朝日新聞の第 1 面[3]

今では，コンピュータ，携帯電話，スマートフォンを使ってテレビやラジオが簡単に視聴できる．このような情報通信の変化がなぜ起こったか，今後どのように変化するのかなどを生徒達に考えさせることも必要である[2]．

また，メディアリテラシーの対象としては，新聞，テレビ，ラジオ，インターネット，電話などが代表的だが，それに加えて，商品チラシやポスター，テレビゲーム，コマーシャルソングなども広告媒体として，メディアリテラシーの対象とする場合がある．

9·4　メディアリテラシーの教育

メディアリテラシーの教育は，カナダ，イギリス，アメリカなどで進んでおり，学校教育における先進的な実践授業を見ることができる[4]．一方，日本の学校教育ではメディアリテラシーが普及しているとは言い難く，学習指導要領にも十分な記載はない．しかしながら，いくつかの教科書では「CM 分析」や「ニュース

番組を作ろう」などメディアリテラシーを意識した学習内容が登場し，情報科や国語科の先進的な教員によって実践授業が蓄積されつつある．

　学校でのメディアリテラシー教育を理解するために，国語科での学習形態と対比させて考えてみよう．例えば，人が自由な形で本を読むとき，好きな作家の本を買い，空いている時間にマイペースで読むだろう．リビングでくつろぎながら気ままに読書をし，読書後に報告書を書く必要もない．しかし，国語の授業ではようすが違う．例えば長文読解の問題では，文章中の傍線を引いたキーワードの意味を書かせ，主人公の気持ちを20文字以内で抜き出させ，指示語が何を示すかを問う，などの方法で作者の意図を分析させる．つまり，文章を漫然と読むのではなく文章を切り刻み，その一部を隠し，いろいろな手法で生徒に文章を分析させる．総合的に，作者の意図を読み解かせる作業を行う．

　メディアリテラシーの学習も，その相似形として考えることができる．たとえば，テレビというメディアに接する場合，普通は自由な時間に好きな番組やCMを気ままに見ており，バラエティー番組を見てレポートの提出を求められることはない．しかし，学校教育でのメディアリテラシー授業では，録画した番組やCMを途中で止めたり早送りしたりしながら繰り返し見て，作者の意図は何か，視聴者を引きつけるためにどのような手法が使われているか，使われている音楽やカット割りの効果はどのようなものかなど，いろいろな角度から分析する．一定の時間内に流れる番組やCMがどのように構成されているか，視聴者をどの方向に導きたいと考えているかなどをクリティカルに分析する．このような手法を取り入れることで，情報に流されない判断力を養うというわけである．つまり，メディアに漫然と触れるのではなく，分析的に視聴させる．

　ここではメディアが伝える情報をクリティカルに分析する能力の育成という面を強調したが，鈴木の説明[1]にもあるように，獲得した能力を用いて自分が伝達しようとする情報にふさわしいメディアを選択し，それを活用できる力を育成することも，視野に入れておく必要がある．

9・5　授業の進め方

　この節では，高等学校の情報科でメディアリテラシーを扱う授業の進め方の例をあげておこう[5][6]．

9・5・1 準備段階

メディアリテラシーを学ぶ前に，生徒たちには著作権法や個人情報保護法などの学習をさせる．これにより，後で作品を制作するときに他人の著作物をどのように利用するかを学ぶ．ときには，マスメディア自体が著作権法を犯して情報を流すことがあり，そのような場合にメディア側のどこがいけないのかを考えさせると，有用な教材として使える場合もある．

9・5・2 出版メディア

まず，マスメディアを「出版メディア」と「映像メディア」に分け，はじめに出版メディアを扱うことにしよう．適当な雑誌，たとえば総合情報誌などを数多く用意して生徒たちに配り，自分が気に入ったページを選ばせる．それは，雑誌の記事のページでも，商品広告のページでもよい．そして次のような点をまとめさせる．

1. 多くのページの中で，そのページが気に入った理由（目に留まった理由）．
2. 編集者が対象としているのは男か女か大人か子供か，誰を対象としていると考えられるか．また，そのように判断した理由は何か．
3. 読者の注意を引くために，どんな工夫がなされているか．
4. その見開きページの上を，どのように目線が動いたか．
5. さらにどんな情報が欲しいか，足りない情報は何か．

まとめた内容は，ワークシートに書かせて，発表させる．ページの上を目線がどのように動くかは大切な要素で，編集者は読者の目線の動きを計算していることに気づかせる．ページの中央に大きな写真を置くことで，まず読者の目線を中央に集め，その後，周囲の説明文を読ませるような場合もある．説明文も「縦書き」「横書き」をわざと混在させて，単調にならないようにアクセントをつけている場合がある．また，食料品の記事では清潔感を出すためにバックに白地を用いる場合が多いことや，懐かしさや古さを出すために，わざと白黒やセピア色の写真を用いるなど，編集者はさまざまな計算をしていることに気づかせる．

一通りの分析が終わった後，生徒自身が雑誌の1ページを編集担当することになったと想定して，テーマを決めて作品を作成させる．読者の目線の動き，見出

しの文字の大きさ，写真の配置，本文の縦書き・横書きの使い方，などさまざまな手法を考えさせる．この課題は個人，グループのどちらで取り組んでもよい．ワープロソフトや描画ソフトなどを用い，著作権に配慮して作成させる．

　また，新聞を教材として扱うこともできる．いろいろな全国紙の，ある日の朝刊を用意して，第一面のトップニュースはそれぞれ何かを調べさせ，その事件はどのような論調で扱われているか考察させる．同じ事件を対象としながら，どのように異なる写真を用いているか調べさせる．同じ出来事を対象とした社説が出ていれば，各新聞社での違いを確認させてもよい．前述したように，新聞は公正中立かどうかを考察させる．また，最近は新聞の第一面に，全ページの主要記事が目次のように紹介されていたり，新聞社への問い合せや質問の連絡先が掲載されているものが多い．過去の縮刷版などからそのようなものがない新聞を見せて，それらの効果を考えさせてもよい．さらに細かくいえば，新聞社ごとで活字が違うことに気づかせる．同じ文字を拡大コピーして比較させると違いが見える．各新聞社は，読みやすい活字を独自に追求している．さらに，最近は新聞購読をせずインターネットで済ます家庭も増えているが，その利点と弊害などを生徒に考えさせることも必要である．

9・5・3　映像メディア

　映像メディアの分析で教材としてよく使われるのは，テレビCMである．どの時間帯にどんなCMを流すかは，計画され計算されている．CMは短い時間に最大の効果を上げ，視聴者を引きつけるさまざまな工夫が凝らされている．日本の場合は，視聴者を引きつける工夫をしながら，商品名や商品のセールスポイントを強く全面に出すものが多い．一方でそれ以外に，特定の商品をアピールするのではなく会社のイメージを伝えるCMも増えてきた．例えば，その企業が自然環境を大切にし，ふだんからエコロジーに徹している姿勢を宣伝するだけで，特に商品は出さないという手法である．そのような企業が作る製品なので，環境破壊をしない「自然にやさしい」製品なのだろうというイメージを視聴者に抱かせる．CMの役割はイメージ作りである，という考え方である．最近はさらに進んで，何の会社か，どんな製品を作っているのか全く不明なテレビCMもある．「興味があれば，続きは自分でWebページを見てネ！」ということである．企業のWebページからテレビと同じCMが視聴できることが多いので，授業ではそれを使うこともできる．

9・6 まとめ

　映像実習としては，デジタルビデオカメラで短い CM 作品を作るもの，デジタルビデオカメラのコマどり機能を使って，クレイアニメを制作するものなどがある．いずれの場合も，作品作りで視聴者を引きつける工夫が必要になる．

　情報社会が進み情報伝達手段が多様化してくると，学校教育で情報を主要なテーマとして扱う情報科の対象も多様化し，守備範囲が拡大する．いうまでもなく，情報科はコンピュータとインターネットを扱っていればよい，という時代ではない．高度通信情報社会ではメディアからの影響やメディアの役割が大きく変化している．とくに，Social Networking Service（SNS）が新しいメディアとなる中で，生徒たちへのメディアからの影響を正面から受け止めて，メディアに対して生徒たちが正しい判断力を持てるように学習を進めるのが，高等学校でのメディアリテラシー教育と考えられる．

演習問題

問 1　情報伝達の手段としてのメディアにはどんなものがあるか考察せよ．演説，ダンス，絵画，芝居，テレビゲーム，宅急便などはメディアか．

問 2　この章で示したように，いくつかの新聞を分析し，論旨の違いや傾向を見てみよ．

問 3　テレビ CM で，視聴者を引きつける手法がどのように使われているか，グループで考察してみよ．

参考文献

1) 鈴木みどり編：Study Guide メディア・リテラシー【入門編】，リベルタ出版（2000）
2) 佐伯　胖監修・CIEC 編：学びとコンピュータハンドブック，東京電気大学出版局（2008）
3) 朝日新聞〈復刻版〉明治編①　明治 21 年 7 月～9 月，日本図書センター（1992）
4) 菅谷明子編：メディア・リテラシー—世界の現場から—，岩波書店（2000）
5) 佐伯　胖監修：教科「情報」実習へのフライト，日本文教出版（2001）
6) 斉藤俊則：メディア・リテラシー，共立出版（2002）

KJ 法

◻ 間違いだらけの KJ 法

　KJ 法は，カードを配置する手続きが簡単で結果が明瞭なことから，図解作成の方法論として教育現場で広く使われている．これをどのような手続きで行うかについては書籍において必要十分な記述が行われている[1]が，明らかに理解不足である図解を，KJ 法の結果として研究者が示す例も見受けられる．

◻ KJ 法の一解釈[2][3]

　KJ 法による図解では，カードに書かれた意味の近さを配置として表現する．図解をなす 1 枚のカードに書かれた内容は，一般にその隣に置かれたカードだけでなく，その他のカードとも関係を持つ．そこで，隣に置けるカードの数は限られるので，重要な関係だけを選び出す作業が必要となる．遠くのカードとの間に関係線を引くことによって関係を表すことはできるが，隣接関係の表現ほど直接的でないので，図の明解性を損ねる．重要な関係だけを選んで配置する作業を行うことにより問題の全体像が浮かび上がり，その本質が認識される．

　文章表現の場合，文の前後に二つの文しか置くことができない．カード配置の場合，2 次元空間での配置となるので，隣に置けるカードの数が増える．しかし，関係を持つカードは隣接して置けるカードの枚数以上に増える可能性がある．文章表現の場合は，遠くの文との関係を言葉でつけざるをえないが，図解の配置なら，そうしたことなしに実用上十分な関係の表現力が得られる．

　KJ 法ではカード配置が得られた後，配置上の全カードを一筆書きのように連ねることによって全体を一次元で表現し直す（文章化）．この作業がうまくいかない場合は配置に問題があるので，うまく表現できるように，配置を変更する．

　KJ 法の作業で重要なのは，直観である．配置もグループ化も，あらかじめ仮定した理論に従って行うのではなく，もとになる情報であるカードから直接感じられることに基づいて作業しなければならない．カードどうしの関係は，全体から見ると局所的な関係であるが，配置によって，局所的な関係が全体の中で位置づけられる．すなわち，配置作業によって，初めて全体像が明らかになるのである．これをグループ作業で行うとメンバー相互間の理解が深まり，合意形成の手段としても，図解作成は有効である．

　部分の関係を積み上げて全体の関係を構成するのが，図解化の本質的な意味である．文章化は，感性による作業結果を論理によって検証する過程と考えられる．

---

[1]　川喜田二郎：続発想法，中公新書（1970）

[2]　大岩　元：授業メモ http://www.crew.sfc.keio.ac.jp/lecture/kj/kj.html

[3]　大岩　元：図解情報教育における感性・佐伯胖監修，CIEC 編，学びとコンピュータ ハンドブック，pp.132-135，東京電機大学出版局（2008）

10章 情報通信ネットワークとコミュニケーションの指導法

情報通信ネットワークとコミュニケーションに関しては，コミュニケーションの手段の移り変わりやネット上のコミュニティなど社会的事項に対する理解，ネットワーク仕組みなどの技術に対する理解をバランス良く指導する必要がある．

10·1 コミュニケーションとその構造

コミュニケーション（communication）とは，送り手と受け手の間で（メディアないし媒体を通じて）情報を伝達することをいう．コミュニケーションには通常，多層性がある．例えば言葉（会話）によるコミュニケーションについていえば，次のような階層が（下から順に）考えられる（**図 10·1**）．

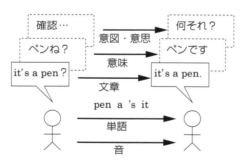

図 10·1　コミュニケーションの階層性

- 空気の振動としての音（＝媒体）による信号の伝達
- 使用されている言語の単語の並びの伝達
- 単語の並び方による構文とそれに対応した意味づけの伝達
- 送り手と受け手の間での意思や意図の伝達

コミュニケーションの最終的な目標は最上位にある意思や意図の伝達であり，その下のものはすべて，その目標を達成するための手段となっている．また，そ

れぞれのレベルでは伝達がうまくいかない固有の原因があり（音が聞こえない，単語を聞き間違える，相手に通じない言葉でしゃべっている，意図を誤解するなど），そのどれがあっても意思や意図の伝達をうまく行うことができない．

　多くの生物の中で人が特別の地位を獲得するに至ったのは，言語の獲得によって意思の疎通ができるようになったことが大きな要因である．しかし，人類が生まれてから長い間，コミュニケーションの手段は会話だけであり，直接会った人どうしでしかコミュニケーションができなかった．

　文字の発明により，情報を書き記すことで後の世代に伝えるとともに，手紙によって遠隔地に伝達することもできるようになった．また，交通手段の発達（馬や馬車など）によって会話によるコミュニケーションが可能な範囲も広がっていき，国家が形成されるようになった．電気通信の登場で遠隔地間のコミュニケーションは一層便利になり，国どうしの交流も活発になった．すなわち，コミュニケーションは人間が社会を作る基本前提といえる．

授業案：2人の生徒に前に出てもらい，AからBに「消しゴムを右手で持つ」のような簡単な指示を伝達させるが，「音を発しない」「日本語をしゃべらない」「互いに見えない場所どうしで」などさまざまな条件をつけ，コミュニケーション手段のどの部分が不自由か，についてまとめさせる．

評価点：コミュニケーションの階層構造や各段階での代替手段（日本語がだめなら英語，音が出せないなら書いて伝えるなど）について理解している，ないし説明できる．

10·2　コミュニティと情報社会

　コミュニティ（community）とは，互いにコミュニケーションをとり，考え方や嗜好などを共有する集団のことをいう．これまでのコミュニティは，住んでいる地域，学校や職場，クラブや趣味の集まりなど，互いに会って会話を交わせるグループとしてのものが主流だった（文通仲間など手紙・電話などの手段を介するものもありえたが，多くはなかった）．これらのコミュニティでは，参加者がその周囲の環境や文化を共有しているため，互いを理解しやすいという利点がある（図 10·2 左）．

　しかし今日では，コンピュータとネットワークの発達により，地理的に隔たっ

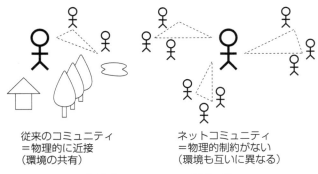

図 10·2　コミュニティ形態の違い

　従来のコミュニティ
　＝物理的に近接
　（環境の共有）

　ネットコミュニティ
　＝物理的制約がない
　（環境も互いに異なる）

たところに住んでいる人どうしでも気軽にコミュニケーションがとれ，したがってコミュニティを形成することができるようになっている（図 10·2 右）．これにより，これまでは近くには仲間がいなかったようなマイナーな嗜好を対象とするようなコミュニティなども可能となった．

　ネットワーク上のコミュニティの利点は，地理的・時間的な制約を越えて自由にコミュニティが構成可能であるという点が大きい．その一方で，ネットワークコミュニティでは各参加者はさまざまな文化に属していて，背景として持っている考え方や嗜好が違っているため，通信手段が文字に限られているなどの制約とあわせて，誤解や軋轢など意思疎通の失敗が起こりやすく，トラブルが発生しやすい側面も持っている．

授業案：ネットワーク上のトラブル（ケンカ）のログを配布し，トラブルの原因はどこにあるか，そこでどのようにするべきだったかをできるだけ多くあげさせる．

評価点：両者の主張に対する賛否や感情的な好みを離れて，客観的によくなかった点や代替案を指摘できているか．

　今日の社会は「情報社会」であるといわれるが，その意味は次の 3 通りに考えることができる．

　a) ネットワークを用いる情報システムが前提となる社会
　b) ネットワークによる情報流通を前提とした社会
　c) ネットワークコミュニケーションが中心となる社会

今日では銀行業務や切符の予約などはネットワークを用いた情報システムなしには考えられない．つまり，a) の段階は到達済みといえる．次に，今日では何か調べたいことや多人数に知らせたいことがあれば，WWW で検索したり情報発信することが普通になっている．これは情報の流れとしてのネットワーク b) に相当するが，まだテレビなど従来のメディアも影響力があるので，完全には到達していない．最後にコミュニケーションのためのネットワークであるが，人間はコミュニケーションする動物であり，その形態が物理的な接触を捨ててネットワークだけに移行したときに何が起きるかは未知である．しかしネットワークコミュニケーションの利便性やコストの低さを考えると，いつかは c) の意味での情報社会に到達するかも知れない．

10·3 情報通信ネットワークの仕組み

情報通信ネットワークとは，コンピュータなどの情報機器を相互に接続して互いに情報をやりとりできるようにしたものであり，インターネットはその代表例である．インターネットなど地理的に広い範囲にわたるネットワークを WAN（Wide Area Network），敷地内や建物内など地理的に限定された範囲内のネットワークを LAN（Local Area Network）と呼ぶ．

実際にはインターネットは，プロバイダと呼ばれるネットワーク事業者や公共ネットワークなどの WAN を相互に接続して構成されている．自宅や学校からインターネットへの接続は，構内や家庭内の LAN を光ファイバや DSL（Digital Subscriber Line，電話局と各加入者をつなぐ銅線にディジタル信号を載せて伝送する方式）を用いて WAN に接続することで行われている（図 10·3）．

授業案：生徒に「自分の前にあるパソコンから XX の WWW サーバ（海外のサイトがよい）まで，どのようにネットワークがつながっていると思うか想像して地図を描いてみよう」という課題を出し，できたら相互に比較させる．また traceroute で調べた正解と比較させる．

評価点：LAN，ADSL，プロバイダ，海外リンクなどの概念がわかっているか，または説明できるか．

インターネットで世界各地にあるコンピュータが相互に通信できるためには，物理的なつながりがあるだけでなく，それらが共通の通信規約（プロトコル）に

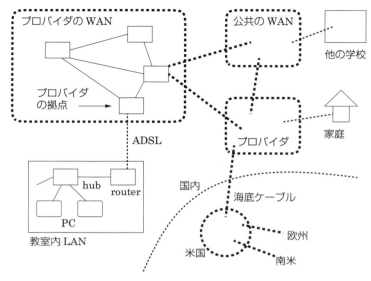

図 10·3　インターネットへのつながり方

従って通信することも必要である．このためにインターネットでは，TCP/IP と呼ばれるプロトコルが共通に使われている．

　TCP/IP では通信先のコンピュータを 32 ビットの値（IP アドレス，32 ビットはこれまで広く使われてきた IPv4 の場合．使用が広まってきた IPv6 では 128 ビット）で表し，各中継点において「どのアドレスに到達するにはどちらへ行けばよい」という表（経路制御表）を維持するようになっている．

　通信そのものはデータを決まった大きさのかたまり（パケット）に入れ，その先頭の決まった位置に相手先と送信元の IP アドレスを入れて送出する．そうすると，各パケットは各中継点で経路制御表に従って次々に中継されていき，相手先に到達する．データをパケットに入れて扱うのは，途中の経路でさまざまな通信のデータが相乗りしても容易に扱えるからである．

　大きなデータを送るなどの場合は，送り元で各パケットに一連番号を割り当て，受け側でその番号順にデータを取り出し，途中で失われて到着しないパケットは再送してもらう仕組みが使われる．これをエラー制御と呼ぶ．

授業案：数名の生徒を「ホスト」役としてアドレス（番号）を与え，残りを「ネットワークの中継機器」役にし，名刺大に切った紙を「パケット」にして

簡単な文章を伝達させる．1 パケットには発信元/宛先のアドレスと通信文を 1 文字しか書いてはいけない．最初は経路が 1 通りで各パケットは送った順で必ず着くようにして始める．しだいに「パケットの追い越しがある」「たまにパケットが捨てられる」などの状況を入れて難しくする．

評価点：パケットへの分割と組立，経路制御，エラー制御などの基本概念をわかっている，ないし説明できる．

　実際の TCP/IP では，経路制御とエラー制御の機能の上に信頼できる通信路（仮想的な回線）が作られ，そこを通してメールや WWW のデータが相互に行き来する形となっている．どのネットワークサービスでも「世界中のどのマシンでも IP アドレスによって相互にデータをやりとりできる」ということが土台になっていることに気づかせたい．実際にアドレスを指定するときには，IP アドレスを直接指定するよりも，読みやすい文字列の名前（ドメイン名）を指定するが，これが DNS（Domain Name System）の機能によって IP アドレスに変換されていることも注意しておきたい．

　具体的な接続のつながり方はサービスによって違っている．例えばメールの場合は，手元のメールソフト→自分のメールサーバ→相手のメールサーバ→相手のメールソフト，WWW の場合は各地の WWW サーバ→手元のブラウザという形で接続が張られ，データが流れている（携帯メールの場合は通信事業者のサーバが携帯端末とインターネットの間で中継を行う）．これらの接続関係も生徒に自分で図解させることで，理解を定着させることができる．

10・4　情報通信ネットワークとセキュリティ

　セキュリティ（security）とセーフティ（safety）はどちらも日本語に直せば「安全性」だが，前者のほうが「外的な危険による」危険や損失から守られている，というニュアンスがある．

　情報社会である今日においては，情報自体に多くの価値が置かれるようになった結果，そのセキュリティも重要な課題となっている．特に情報の場合，金銭や貴重品などの「もの」のセキュリティと比較して次の点が問題となる．

- 情報はコピーされて盗み出されても，そのことがわからない．また破壊されたり改ざんされても実際にその情報を使おうとする時点までわからないこと

が多い．
- 今日のコンピュータはネットワークに接続されていることが多いので，知らないうちにネットワークから侵入されて破壊行為を働かれることがある．犯罪者にとっても自室など安全な場所から作業できるので敷居が低い．

セキュリティを構成する要因としては，機密性（情報が漏洩しないこと），整合性（情報が改ざんされたり破損しないこと），可用性（情報やサービスが利用したいときにきちんと利用できること）などがある．

代表的なセキュリティ侵害の形態として，次のものがあげられる：
- 物理的損害——火災や自然災害などで情報機器が物理的に破損して情報が失われたりサービスができなくなったりする．
- 侵入——ネットワークを経由しての侵入による破壊行為．
- ウイルス——「感染」機能を持つ有害なプログラムが利用者のファイル操作などに乗じて侵入し悪さを働く．

セキュリティ対策としては，物理的損害に対しては部屋の施錠や安全な場所への機器の設置，無停電電源の設置，重要なデータのバックアップと安全な場所への保管（保管方法が悪いと逆に情報漏洩につながる）などがある．侵入に対してはネットワーク接続における防火壁（ファイアウォール）を設置し，必要でないネットワーク接続を遮断したり，機器の稼働状況をモニタリングして異常を検知する，などがある．ウイルスへの対策としては，ウイルスソフトによるチェックや監視，不用意に他人から渡されたファイルを開いたり実行しないこと，などがある．

生徒にセキュリティ意識を持ってもらうためには，単に「べからず集」を教えるのではなく，具体的な事例を取り上げて，そのような事例に遭遇したら自分ならどうするかを考えさせるなどの方法が有効である．

授業案：ネット上などから探した実際のセキュリティトラブルの体験談を配布し，次の点を考えさせる．
- どのような種類のセキュリティ侵害か（使いたいときに使えなかった→可用性，データが正しくなかった→整合性，情報が漏洩していた→機密性，など）
- セキュリティトラブルの原因は何か（他人による侵害行為，ハードやソフトのトラブル，自然災害，使用者のミス，など）

- トラブルが復旧するのに何が必要か，どれくらいの手間が掛かるか，どれくらいの損害か——漏洩した情報は取り返せない，など
- このトラブルはどのような対策があれば起きないで済んでいたはずか（バックアップ，代替機器の用意，鍵をかけて保管，など）

評価点：セキュリティ侵害の種類，原因，復旧方法，予防策などについてわかっている，ないし説明できる．

演習問題

問1 何らかの手段や方法でコミュニケーションしているようすを図に描き，そこにどのような媒体や階層があるかを書き込んで整理せよ．

問2 コミュニケーションの具体的な形態を取り上げ，そのコミュニケーション形態がどのような分類に属しているか，どのような利点や弱点を持っているかを検討せよ．

問3 ネット上のコミュニケーションの公開されているログを取得して分析し，有効なコミュニケーションを損なうような出来事（トラブルなど）はなぜ起きているのか検討せよ．

問4 手元のPCからインターネットを経由して，よそにあるマシンにつながる経路をわかる範囲で図解してみよ．

問5 コンピュータ役とネットワーク役に分かれて紙をパケットに見立てて「ネットワークによる通信ごっこ」をやってみよ．

問6 電子メールやWWWなど身近に使うサービスを例にとって，手元のソフトや関連するサーバなどの間のつながりを図解してみよ．

問7 身近にありそうなセキュリティ侵害の事例を調べ，自分ならどのように行動するかを検討せよ．

参考文献

1) 久野 靖：コンピュータネットワークと情報，共立出版（2000）
2) 情報処理推進機構：情報セキュリティ読本，実教出版（2006）

11章 情報システムと社会の指導法

システムとは，複数の要素が関連し合って，一つの役割を果たす仕組みである．広義には複数の生物が相互に依存する生態系のような生物のシステムや金融システムなどの社会的なシステムも存在する．

本章では，コンピュータとネットワークが中心的な役割を果たすシステムである，情報システムを扱う．情報システムは人間が行う社会的な活動と密接な関係にあるため，人間と社会を含めた全体の中で果たす役割を考えることが重要である．

情報システムは社会や生活を支える重要な存在でありながら，ふだんの生活ではほとんど意識する機会がない．そこで，情報システムの指導では，生徒に情報システムの例を考えさせ，それがどのような仕組みで構築され，どのような用途に活用されているかを展開する授業が望ましい．

11・1 社会における情報システムの役割

現代の社会では，多くの情報システムが社会を支えているが，その全体像を見る機会は多くない．そこで授業では，「天気予報システム」などの身近な例を題材にして，どのような仕組みでシステムが動いているのかを考えていくことが大切になる．

11・1・1 天気予報システムの例

例えば，天気予報システムでは，全国に気温/湿度/雨量などのセンサを置き，それらのデータを定常的に収集する．そして，天気図や気象衛星からの情報と合わせ，過去の記録から得られた計算により，今後の天気を予測する．

つまり，入力（観測などのデータ）に対して処理（ここでは気象予測）を行い，結果を出力（天気予報の発表）する．「入力→処理→出力」の形が情報システムの基本形である．

一方，現代の情報システムは処理をして終わりになるものではなく，自分を制御しながらずっと動き続けるものが多い．天気予報の場合には，入力からの予想と実際の天気を比較して，その結果を蓄積していく．そして，「入力→処理→出力→蓄積→入力→処理→…」の形で処理を行うことにより，過去の似た天気のパターンから類推して，より正確な予報をすることが可能になっている．

このような例を通して，短い天気予報の裏に膨大な数の計測と処理が行われていることと，出かける前の傘の用意から災害への備えまで，生活の重要な基盤となっていることを理解させる．

11・1・2 他の情報システムの例

一つの情報システムを見た後は，いくつかのカテゴリーごとに，どのような情報システムが使われているかを考えていくことができる．

交通システムを考えると，自動車に対しては，「車の交通量に応じた信号機の制御」「事故や渋滞の情報通知」などが行われている．そして電車や飛行機に関しては，「改札の自動化」「座席予約」「運行管理」などがあり，最近ではICカードによる乗車券も利用されている．

社会インフラとしては，「電気」「ガス」「上下水道」の管理に加え，「電話」「インターネット接続」といった情報通信，「病院」や「救急車」などの医療サービス，政府や自治体のサービスなどがある．

企業や商店では，「会計」「商品」「顧客」「取引」などのあらゆる管理に情報システムが使われている．特にスーパーマーケットやコンビニエンスストアなどの商店では，店舗の商品を管理するPOSシステムや，流通を含めて商品と取引を一元的に管理するSCMと呼ばれるトータルシステムが活用されている．企業の取引には，他の企業との取引（B2B）と，個人との取引（B2C）が存在する．

これらのそれぞれのカテゴリーについて，生徒に題材を選んでその裏側の仕組みを考えさせ，実際にはどのようになっているかを調べさせる学習が考えられる．ただし，交通システムや社会インフラについては必ずしも生徒にとって身近な話題でないことが考えられるため，コンビニエンスストアなど身近な商店の商品が，どのように情報システムで管理されながら物流を行っているのかを考えさせることを中心にするのも良い組み立てである．また，これらの情報システムは社会的な重要性を増しているため，災害などでシステムに障害が起きた場合の影響を考

えさせるのも良い題材である．

11・2　生活の中の情報システム

　個人の生活でも情報システムは利用されている．これらの情報システムは，単体で動くものと，他のシステムと連携して動くものに大別される．

11・2・1　単体で動く情報システム

　家庭内で使われる家電製品の多くでコンピュータが利用されており，冷蔵庫や炊飯器，エアコンなどでは，温度を計測しつつ，最適な温度になるようにつねに調節を行っている．テレビを録画するレコーダーや，小型のゲーム機器，携帯電話などにもコンピュータが内蔵され，さまざまな処理を行っている．

　これらは，その機器が単独で動くものであるため，一般には情報システムよりも組み込みシステムと呼ばれることが多い．ただし，一般にいう情報システムの全体を観察して理解することは容易ではないため，箱庭としての情報システムという立場で，エアコンのように外部の状況を計測しながら自律的にシステムとしての制御を行っている機器を観察して理解することは意味がある．

　また，現在これらの機器は基本的に単体で役割を果たしているが，今後は機器どうしが通信し合う，ユビキタス的な家庭内情報システムの出現が予想されている．

11・2・2　外部と通信して動く情報システム

　生活の中では，外部との通信を行う情報システムも増えてきている．商店や一部の家庭では，警備会社と接続された警備システムが使われることも多い．深夜の侵入など不審な現象が観測されると，警備会社に自動的に通報がなされる．

　個人が操作して外部と通信する機器としては，パーソナルコンピュータと携帯電話が代表的である．これらの機器はインターネット回線を通じて外部と通信できるため，電子メールの通信やWebの機能を利用して，「通信販売（オンラインショッピング）」「ネットオークション」「ネットバンキング」をはじめ，「オンラインゲーム」「ゲームや映像，音楽などのダウンロード」が行える．

　情報システムとして見た場合，パソコンや携帯電話など個人向けの情報機器は，巨大な情報システムの端末として機能している．情報システムの全体像は見えにくいが，生徒にとって身近であるため，携帯電話での情報サービスを題材にして

授業を進めることが考えられる．

11·3　情報システムの具体例

　身近な情報システムの例として，ここではコンビニエンスストアで利用されているPOSシステム*¹を考える．コンビニエンスストアは急速に普及したが，その背景には集中的に在庫を管理するPOSシステムの発達がある．

　図11·1に，コンビニエンスストアでの商品と情報の流通を示す．従来の商店は，個々の店舗に商品を蓄えて管理していた．コンビニエンスストアでは，店舗には大きな倉庫を置かず，カウンターのレジ端末（POS端末）から最新の販売情報を収集し，1日に数回のきめ細かな配送を行うことで，つねに売れ筋の在庫を補充し，商品の鮮度を高める工夫を行っている．POSシステムは，商店の販売情報に基づいて総合的な管理を行うシステムであるといえる．

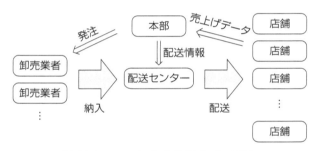

図 11·1　モノ（□▷）と情報（⇒）の流れ

　図11·2は，コンビニエンスストアのPOSシステムの例である．店内のカウンターにはレジスターが置かれ，商品の販売を記録する．この端末は本部の情報システムと通信し，販売された商品の情報を伝達している．事務室には本部システムと接続された管理用の端末が置かれ，店長などの責任者は販売状況を確認したり，商品の注文を行う．これらの他に，顧客が直接操作できる，銀行のATMやチケット販売などの機能を持つ情報端末が置かれることもある．

　情報システムは多数の情報機器が接続されて処理を行う．その際，お互いのデータが矛盾したり競合したりすることを防ぐために，中央に置かれたデータベースを全体から参照する形で全体の整合性を調整しながら処理を行うことが多い．コ

---

*1　Point of Sales System

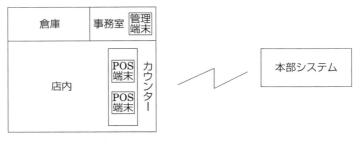

図 11·2

ンビニエンスストアの POS システムの例では，本部に置かれたデータベースのデータを全国の店舗が参照したり更新したりしながら処理を行っている[*2]．

販売の処理の流れ

具体的なシステムの動作を理解するために，ここでは顧客に商品を販売するときの処理を考える．大まかな流れは，商品を選んだ顧客がレジカウンターの従業員に商品を渡し，POS 端末で商品と代金を登録する．ここで，「買物をする顧客」「販売をする従業員」「販売を記録する POS 端末」の処理の流れを詳しく考えてみると，次のようになる．

　商品を購入する顧客は，まず，購入する商品を選ぶ．次に，それらをレジカウンターに置く．そして，金額が示されたら代金を渡す．続いて，つり銭を受け取る．最後に，商品を受け取る．

　店内のカウンターでは，従業員は POS 端末を操作して顧客に商品を販売する．カウンターに顧客が商品を置くと，従業員は，まず，POS 端末に商品のバーコードを読み込ませる．商品の読み込みが終わると，金額を計算するために合計キーを押す．そして，表示された金額を顧客に伝える．続いて，顧客から代金を受け取り，POS 端末に入力する．そして，表示された額のつり銭を顧客に渡す．最後に，商品を袋に入れて顧客に渡す．

　POS 端末は，販売する商品を記録し，合計キーが押されると金額を表示する．次に，代金が入力されると，売上げを記録し，つり銭の金額を表示する．

[*2] データベースでどのように商品や販売履歴が管理されているかということは，sAccess のようなオンラインのデータベース学習環境で体験的に実習することができる．http://saccess.eplang.jp

このように，情報システムを考えるときには，コンピュータとネットワークなどの機械的なシステムに加えて，必要に応じて人間の判断や操作を含めて考えることが重要である．

授業では，「顧客」「従業員」「POS端末」と書かれた，縦に線の入った紙を渡し，生徒にコンビニエンスストアでの商品販売時の流れを考えさせることができる．

11・4 情報システムの社会的な重要性

11・4・1 情報システムの重要性

情報システムが社会で重要な役割を果たすようになるにつれて，それらが機能しなくなったときの影響は深刻なものになっている．その影響は，例えば，電力システムの事故や故障で，電力の提供が丸一日止まることを考えてみればわかる．ガスや水道についても同様であり，社会生活で生死を左右するという意味で「ライフライン」と呼ばれている．ライフラインの多くはそれ自体が情報システムではないが，実際には安定して運用するための制御を複雑な情報システムに頼っているため，情報システムの障害がライフラインの障害につながる危険が存在する．

自分たちがどのようなシステムに頼っており，それらのシステムにどのようなリスクが存在するのかを知っておくことは大切な学習になる．

11・4・2 リスクへの対処

情報システムが正常に稼働していくうえでのリスクとしては，故障の他に，災害やテロなど外部からの攻撃をはじめとするさまざまな要因が考えられる．システムの信頼性と安全性を高め，維持していくためには，恒常的な対策が必要になる．故障する確率を少なくする設計は当然であるが，一部の部品が故障した場合に他の部品に切り替えて運用を続ける冗長性や，複数のシステムを用意して切り替えて使うシステムの多重化，障害時の迅速な復旧手順の整備などが考えられる．また，情報システムは蓄えた情報を利用して運用するものなので，データを定期的にバックアップし，万一の障害時にも最新のデータが失われないような対策を実施しておくことが重要である．

リスクへの対処の考え方は，日常生活での情報機器の使用にも適用可能であり，将来どのような職業に就く場合でも知っておく必要がある知識である．他人ごと

として理解させるのではなく，自分に起こりうる問題として学習を進めたい．

11・5 授業の展開

情報システムは，授業では次の流れで扱うことが考えられる．
1. 身近な情報システムの例を考えさせる．
2. コンビニエンスストアなどを示し，どのような処理が行われているかを考えさせる．

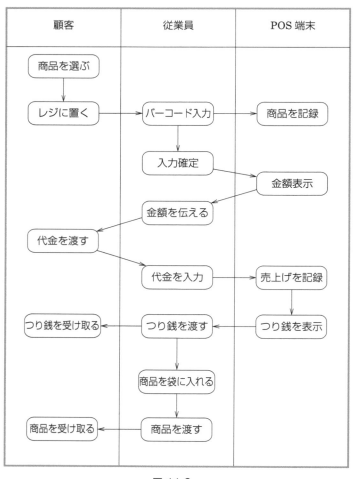

図 11·3

3. 生徒に発表させた後で，システムの工夫点などを解説する．
4. 他の情報システムの例を紹介し，社会がそれらのシステムで支えられていることを解説する．

演習問題

問 1 情報システムでは，システムを構成する要素が互いに連携しながら役割を果たす．図 11·3 において，システムの構成要素である「顧客」「従業員」「POS 端末」を結ぶ横向きの線は，モノまたは情報の流れを表している．それぞれの矢印は何を表しているか．

問 2 情報システムが安定して稼働するための概念として，「可用性」や「稼働率」がある．これらの意味を調べ，情報システムに必要な特性を考察せよ．

参考文献

1) 神沼靖子編著：IT Text（一般教育シリーズ）情報システム基礎，オーム社（2006）

第5部
情報科の教員として

　第5部では，現在教育現場で行われている様々な活動に即して，これまでの各章の内容に対して情報科教員としてどう向き合うかについて具体的に述べる．情報科教員に期待されているテリトリーは広い．情報科の総合的な学習の時間への関わり，授業方法，評価方法，および授業を計画的に行うために必要な指導案の作り方，プレゼンテーション，さらに教員養成課程で行われるマイクロティーチングや教育実習についてなど，幅広い範囲を取り扱う．

12章
「総合的な学習の時間」との協調

　本章では，特に情報科との関係を探りながら，「総合的な学習の時間（以下，「総合学習」と略す）」の方向を見てみたい．「総合学習」は2003年の指導要領で情報科とともに新しい科目として施行された．当初，前例も教科書もない新しい科目に対する現場教員の困惑は大きかった．結果として，その授業に自らの教育の特色を打ち出そうと積極的に取り組んでいる学校がある一方，入試科目の補習などに充当している学校もある「学校間の取組状況の違い」と小中高の総合学習で同じ内容をやっている「学校段階間の取組の重複」という状況が起こっている．しかし，「総合学習」は，「思考力・判断力・表現力等が求められる『知識基盤社会』」における大きな役割が期待されるとともに，画一的だった学校教育に新風を吹き込む可能性を秘めていることは事実である．

12·1　指導要領における「総合学習」の位置づけ

　以上のような「総合学習」施行時の実施状況に鑑み，2009年7月に発表された現行指導要領解説において，より具体的で時代に即した授業展開の方向が示された．ここでは，各教科で培われた基礎的な知識や技術を使い，国際理解，情報，環境，福祉・健康といった教科横断的なテーマに対して体験的かつ探究的な活動をすることが求められている．これは，指導要領改訂のポイントとして「理数教育の充実」「体験活動の充実」が掲げられていることとリンクしている．探究活動には，テーマ設定→資料・データ収集→統計的分析→成果まとめ・発表といった一連の要素から構成される．そのとき，資料収集やデータ分析の手法が不可欠であることから，情報科には「総合学習」の展開をする際の潤滑油としての役割が期待されている．

12·2 どのような授業形態が考えられるか

12·2·1 コラボレーションとプレゼンテーションの利用

　指導要領では，「総合学習」においては「他者と協同して問題を解決する学習活動を行うこと」「まとめたり表現したりする学習活動を行うこと」としている．従来の授業では，それぞれの生徒が講義を聴き，黒板を見て，理解するという，教師から生徒への一方通行的な知識伝授型授業の形態が一般的であった．アクティブラーニング，反転授業など新しい授業形態の必要性が叫ばれる中，旧態然とした授業システムの再検討は緊急の課題である．そういう意味でも協同作業"コラボレーション"と成果をまとめる表現形態としての"プレゼンテーション・ポスターセッション"を「総合学習」授業展開の基本としてとらえなくてはならない．

　コラボレーションで期待されることは，それぞれの持つ多様なアイデアや技術が，一人で同じことをやる場合に比べ成果に深まりを与えること，同時にその過程で協調性やコミュニケーション力などが養われるということである．一方で，役割や責任分担への配慮が難しく仕事量に偏りが生まれる，という欠点もある．

　一連の探究活動はプレゼンテーションの発表やポスターにまとめる時間も含め，長い時間を要するものになるため，ともするとダレてしまいがちである．効率的に実施するためには，中間報告や相互評価のような中だるみを防ぐ仕掛け作りや舵取り，つまり綿密な授業プランニングとコントロール技術が要求される．

12·2·2　調べ学習と探究活動──レポートと卒業論文・卒業研究──

　いわゆる調べ学習と探究活動とは異なることははっきりさせておきたい．重要なことは，「調べっぱなし」「調べたつもり」で終わってはならないということである．インターネットの普及により検索することは格段に楽になった．近年ではSNS上でアンケートが取れるサービスも始まっている．このような中，情報の質の問題や情報メディアごとの情報の特性をきちんと理解したうえで，調べた情報の質を判断する力が求められている．

　「課題設定」→「情報の収集」→「整理・分析」→「まとめ・表現」という問題解決に至る探究活動の一連のプロセスはすべての生徒に経験させたい．コラボレーションではチーム内の役割分担による作業が中心になり，課題テーマをじっくり一人

で考える姿勢が身につかないということから，一人ひとりへの課題として探究活動を実施する学校も多い．指導要領では探究活動を極めて重視しており，現指導要領でも「理科課題研究」という新しい科目が設置されている．2022年度施行の新指導要領ではさらにこの方向を強化し，「理数探究基礎」「理数探究」という新科目が新設され，「総合的な学習の時間」の名称も「総合的な探求の時間」に変更される予定である．このような動きを受けて，高等学校ながら「卒業論文」「卒業研究」として1年以上をかけた探究活動を課している学校が増えている．これにプレゼンテーション・ポスターセッションによる発表と質疑応答の場を加えることにより，評価やアドバイスを得て，より良い研究へつなげることができる．統計処理，検索技術や情報発信スキル，メディアリテラシー教育の面から情報科が有機的に連携できる部分は大きい．

12・2・3 ケーススタディ

探究活動をより深める方法の一つに「ケーススタディ」がある．「日本の福祉の問題をあげよ」のような漠然とした課題では，生徒が問題の的を絞れずに事例を羅列しただけの発表になりかねない．課題テーマAに対し，特定の事例に的を絞った問題提起をし，その例を切り口としてAを考える方法がケーススタディである．限られた事例を追及するため調査を深めやすく深い理解につながるが，後で一般化する過程が必要である．

例えば経営戦略の問題を考える場合，ケーススタディとして「ハンバーガーチェーン店AとBの経営の違いは何か？　どうしてそういう戦略をとったのか？」というように，ある一つの事例や事件を取り上げ掘り下げる．掘り下げる方法としては，討論を通して多様な意見の存在を実感することが望ましいが，良い討論にするためにはテーマに対して各自がそれなりに理解を深めている必要がある．そのためには，討論の前に，十分に調査をする時間を与えておかなくてはならない．ある視点からから深く調査することにより，その世界の新たな像が見えてくるものである．そのような効果をケーススタディではねらっている．

12・2・4 情報機器やインターネット情報の活用

「総合学習」の導入以来，この十数年の間に情報機器やネットワーク環境は急速な進歩をしている．情報科教員はこの変化に敏感に対応する柔軟な姿勢が必要である．

校則などの環境が許すのであれば，スマートフォンの高機能なカメラやSNSサービスを利用して，図鑑や辞書をチームやクラスで制作するなどの展開も可能になろう．ネット情報を"ビッグデータ"として分析する動きが広がっている．ある出来事に関するTwitter上の書き込みの変化をテキストマイニングにより分析するなど，新しい探究活動の形態が求められている．

12·2·5　総合学習における生徒学習状況の評価

　総合学習では，その性格上ペーパーテストの得点を評価に用いることは望ましくない．指導要領解説では「信頼される評価の方法であること，多様な評価の方法であること，学習状況の過程を評価する方法であることの三つが重要である」と述べている．「信頼される評価」には，どの教師が評価しても観点がぶれず，評価された生徒が納得できる客観性が必要である．「多様な評価」には，評価の観点を細分化することが必要になる．「過程を評価する」ためには，探究活動の進行過程をチェックする仕掛けづくりが必要となる．現行指導要領における新科目「理数探究」においても，中教審は「探究ノート」のような探究活動過程を生徒が記録し，評価にも使える教材が必要であると述べている．

　実際の授業では，このような授業過程を記録させるノートは必要であるが，情報環境が許すならば，個人フォルダやポータルサイトに過程の記録や画像を置けるシステムを作っておくと，成果をレポート・プレゼンテーションスライド・ポスターにまとめる際に効果的である．

　評価は，客観性と多様性を高めるために，ルーブリックチャートなどで行うことが望まれる．評価を生徒にフィードバックすることも容易になる．

12·3　「総合学習」に臨む教員の姿勢

12·3·1　地域性や学校の事情に即した無理のないプログラムを

　これまで述べたように，「総合学習」では教科の枠にとらわれず多様なテーマ展開が可能である．その際に重要なことは，地域や学校の事情に即した，無理のないかつ教育効果の高いプログラムを創造する姿勢である．特に体験活動・ものづくり・生産活動・ボランティア活動などでは，移動範囲が広かったり経済負担の大きいプログラムでは生徒や教員の負担感が大きくなり，結果として長続きしない．

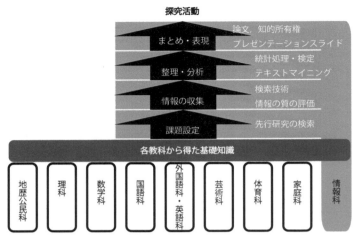

図 12·1　情報教育体系化のイメージ

12·3·2　ボーダーレスの時代

　ネットワーク技術の進歩により，学校の壁，さらには国境までもが，我々の認識の中で大きな障害ではなくなりつつある．他校や他国の生徒とコラボレーションすることも容易な時代である．コラボレーションプログラム計画に際しては，学校内だけではなく他校あるいは国外を視野に入れた規模の大きいプランの検討も可能である．

12·3·3　ネットワークが広げる社会的交流

　コラボレーションプログラムでは「高等学校どうし」といった横レベルのつながりをイメージしてしまうが，同時に「学校と地域」「高等学校と中学校・小学校・幼稚園」といった縦レベルのつながりもあり得る．このことによりプログラムに，平面的な広がりに加え立体感が生まれる．

　同時に，学校の教師だけが生徒に知識を与えるという時代ではなくなっている．地域の有識者の協力，図書館・博物館などの知的資源の積極的活用が，教育内容により高い専門性と多様性をもたらす．ネットワーク利用が，この可能性を広げてくれる．

　ネットワーク技術の進歩は我々のコミュニケーション範囲と多様性を広げた．

実は同時に地域や世代間における自分の位置づけを再確認させ，人間交流を大きく広げたことに，我々は考えを及ぼさなくてはならない．

演習問題

問1 指導要領の「総合学習」の説明で紹介されている5分野「国際理解」「情報」「環境」「福祉」「健康」のうちから一つを選んで，3か月（週1単位）の4人程度のグループコラボレーションを前提とした探究活動プログラムを作れ．3カ月間計12コマの指導計画の概略を書くこと．以下の条件を満たすこと．

- 1時間をTV会議システム（SKYPEでも可）を使った生徒全員に対する専門家の講義
- 2時間をPowerPointで3分のプレゼンテーション用スライド作成に充てる
- 最後の1時間を，全グループによる発表と質疑応答に充てる
- 実際の教育現場で実現可能な計画であること

参考文献

1) 文部科学省指導要領（高校「情報」「総合的な学習の時間」）
   http://www.mext.go.jp/a_menu/shotou/new-cs/youryou/1304427.htm
2) 文部科学省指導要領解説（高校「情報」「総合的な学習の時間」
   http://www.mext.go.jp/a_menu/shotou/new-cs/youryou/1282000.htm
3) 朝日新聞2016年度5月31日付朝刊社会面「高校の新科目『理数探究』成果より過程重視」1 指導要領解説総合的な学習の時間編 p.64,「2 評価の方法」

共有フォルダ（共有ディレクトリ）

　情報科の授業では，生徒に電子データを渡したり提出させたりすることがしばしば行われる．その際，サーバ上の共有フォルダがよく用いられる．設定も比較的簡単で生徒も手軽に利用できるため，積極的に活用したい方法である．

　典型的な設定としては，ネットワーク上に次のような三つのフォルダを作成する．

---

1. 教員，生徒ともに自由に読み書きできるもの
2. 教員は読み書きできるが，生徒は読み込むことしかできないもの
3. 教員および特定の生徒個人が読み書きできるもの

---

　1. は，生徒どうしなどで互いに読み書きができるため，グループ学習のときなどに生徒どうしでデータを共有することができる．

　2. は，課題配布用のフォルダである．教員がここに配布したいデータを書き込み，生徒はここからデータをダウンロードする．生徒が誤ってデータを削除したり編集してしまわないように，読み込みのみできるようにしておく．

　3. は，生徒の個人用フォルダである．教員以外の他の生徒からは読み書きできないようにしておき，自分のデータをここに保存させておく．

　これらを応用して，いろいろな使い方が可能になるだろう．たとえば，1. のフォルダでは，課題提出用として生徒に電子データを提出させる，などの使い方も考えられる．ただこの場合，生徒が他人の提出物まで読み書きできてしまうので，他人のものをコピーして自分のものとして提出するような不正行為や，誤って他人のものを削除してしまう可能性がある．そのため，提出時間を決めるなどの運用でカバーしたり，あるいは，教員は「読み書き」できるが生徒は「書き込みのみ」できるような「データ提出専用」共有フォルダを別に作成する，などの工夫が必要となってくる．

　一方で，共有フォルダに秘密情報を置いてしまったりすると，生徒がそれを見て，本来なら閲覧ができない情報を見てしまう可能性もある．

　学校によっては，電源を切ったら変更がすべて初期化される「復元ソフト」が生徒機に導入されているため，そこではサーバなどの利用が欠かせない．いずれにしても，サーバやセキュリティ設定に関する知識は，情報科の教員として不可欠である．上手に対応できるよう，よく学習しておきたい．

13章
コラボレーションとプレゼンテーション，および授業システム改善の動き

　情報機器やネットワーク技術の進歩により，黒板を媒介とし一方的な情報提供型の授業形態を見直す動きが始まっている．その動きの大きなものが「コラボレーション」と「プレゼンテーション」であり，2003年の指導要領における新教科「情報」，新科目「総合的な学習の時間」（以下，「総合学習」と略）導入以来，重視されてきた．近年では，アクティブラーニングや反転授業など授業形態そのものを見直す動きも出てきている．

13·1　コラボレーションプログラムの必要性

13·1·1　コラボレーション
　コラボレーション（collaboration）とは「共同作業・共同研究」という意味である．情報教育においては本章で述べるような意味を込めて，これをあえて「協働（共働）」と訳す場合も多い．学校教育におけるコラボレーションとはこの訳語のとおり，何人かでチームを構成し，ある決まった目的に対して取り組む形態の作業を指す．この形態を学校教育に取り入れることは必ずしも目新しいことではない．考えてみれば，幼稚園・保育所から小中高の学校教育において，グループで調べ学習をしたり，クラス全員で一つの作品を作るなどということは，普通に行われてきたことである．

　しかし，チームで行う教育活動がすべてコラボレーションと考えることは，この後の話の展開に混乱をきたすので，ここで筆者なりに定義づけておきたい．以下の四つの条件を満たす作業をコラボレーションと呼ぶことにしよう．

　1.　複数の人間による活動であること．
　2.　達成すべき共通の到達目標があること．
　3.　到達目標は構成員による意思決定の過程を経て達成されること．

4. おのおのの構成員が役割分担とそれに対する責任意識を持っていること．

13・1・2　学校教育におけるコラボレーションの動き

　従来，学校は閉ざされた社会であった．コラボレーション作業があったとしても，学校内部でのみ行われていた．それが，ネットワーク技術の進歩により学校の塀を超え，大規模に展開できるようになった．社会の国際化・情報化の変化の中で国境や距離という概念は，われわれの意識において重いものではなくなりつつある．そのような中で，「国籍を問わずいろいろな人と協調し，意思決定できる力」「自分の役割や行動への責任意識」「自分の意見を主張し，説得できる力」など，時代は新しい力をわれわれに求めている．

　これらは国際会議や国際学会[*1]の場において，日本人に欠けていると，以前よりいわれている力でもある．先の1.～4.に記したコラボレーションの目的は，まさに，この要求に沿っているといえる．学校教育において重視されている由縁である．

13・2　プレゼンテーションプログラムの必要性

13・2・1　プレゼンテーション

　プレゼンテーション（presentation）には「上演」「贈呈」などの意味がある．ここでは「客観的な資料を提示しながら行う発表・報告」といった意味で用いている．プレゼンテーションは特に最近起こった新しい考えではない．企業の業績会議における発表や，学会で発表者がOHPやスライド，ビデオを見せながら行う発表は以前よりなされていたが，プレゼンテーションという言葉を高校現場で頻繁に耳にするようになったのは，2003年の指導要領施行以降である．

　ここでも前節のように筆者なりの定義を述べておきたい．
1. 客観的な資料と人声を併用した報告・発表形態であること．
2. 聴衆を説得・納得させるためのものであること．

[*1] 近年，文部科学省の事業であるSuper Science High School（SSH）やSuper Global High School（SGH）において積極的に国際高校生学会やシンポジウムを開催する動きがある．その他にもさまざまなレベルで高校生の国際コラボレーションプログラムが実施されている．

13・2・2　学校教育におけるプレゼンテーションの動き

今や，スライドを使った紙芝居方式の，Microsoft PowerPoint を代表とするプレゼンテーションソフトは小中高いずれの教育現場でも常識であり，デリバリー等のプレゼンテーションスキル教育も活発である．特に，現指導要領「総合学習」では探究活動におけるコラボレーションやプレゼンテーションを重視している．また，英語科などでもプレゼンテーションを取り入れる動きが始まっている．

プレゼンテーションを授業や特別活動の中へ積極的に位置づけることは，前節に述べた「自分の意見を主張し，他人を説得できる力」の養成のために効果的である．情報科や総合学習のみならず，様々な科目で実施することが望ましい．多くの科目で必要とされる情報スキルを養成することが情報科に期待されている役割の一つであり，特にプレゼンテーションスライドにおける効果的な情報発信技術や知的所有権への配慮等，様々な場面で一般化できる技術を養成しておく必要がある．

13・2・3　ポスターセッション

ポスターセッションという成果発表形態についても触れておきたい．ポスターセッションは学会などで口頭発表以外に行われる発表形式である．通常，区切られたブースに自分の研究成果を伝えるためポスターを掲示する．参加者は会場を巡り，興味を持ったポスター内容についてブースにいる発表者に質問をして理解を深めるという形態である．

この形式は，限られたスペースの中で多くの成果の披露が可能であり，質疑において発表内容について深い理解が求められること，特に英語で行う場合に英会話力の訓練になることから，近年，高等学校における文化祭を含めた研究発表会のような場で多く利用されるようになってきている．

13・3　プログラム展開において留意すべき点

コラボレーション・プレゼンテーションプログラムの展開において留意すべき点を以下にまとめる．

1. **成果の発表・評価の場を作ること**

コラボレーション活動の作業経過と活動成果の評価は難しい問題であるが，成

果発表の場を与え，成果に対し適切な評価を与える場を作らなくてはならない．成果発表の場は，生徒にとって活動の目標となりモチベーションが上がる．特に大きなプログラムではコンクール形式にし，成績優秀なチームを表彰するような機会を作ると参加生徒の達成感も高い．それまでの努力過程・役割分担と併せ，成果を客観的に評価するシステムを作ることが必要である．この評価は「教員が生徒を」だけでなく，「生徒どうし」「生徒がプログラムに対し」「教員がプログラムを」評価することまで含めている．評価の際には，評価観点をはっきりさせたルーブリックチャートを使って，客観的・分析的に行うべきである．そうすることによって，評価結果を生徒にフィードバックし，生徒はそれを後の活動に活かすことができる．

2. **いろいろな規模のコラボレーションの併用**

コラボレーションの規模は実施するうえでの重要な観点である．実施範囲が校内，それもクラス内の場合は軽快でやりやすい．しかし，これにとどまっていてはネットワークの意義が実感できないし，アイデアの広がりが乏しい．他校と行う場合は，学校のスケジュールや意欲の差，通信トラブルなどで教員の苦労が倍増する．短期間のものは成績評価や授業への組込みがたやすいが，達成感では長期のものに劣る．しかし，長期のものは成績評価や授業への組込みが難しい．

これらを考慮し，授業で全員がやるもの，有志が放課後にやるもの，様々なタイプのプログラムをうまく併用することが望ましい．

3. **コラボレーションにおける作業進行・役割分担・責任意識のチェックシステムを作ること**

チームを分け，コラボレーションのテーマを与えても，他人の意見を聞こうとしない者や技術を持っている人に任せて最初から協力しようとしない者も出てくる．しかし，このような現実を生徒たちが経験することは重要なことである．皆で苦い思いをしながらも各自なりに努力をし，目標へできるだけ近づけようと協力することが大事なのである．コーディネートする教師側としては，この役割分担と責任分担をうまくコントロールする技術が求められる．そのためには，事前にコラボレーションに臨む姿勢を教え，また途中で何度か各チームのようすをチェックし，その都度アドバイスする配慮が必要である．実施期間が長い場合，途中で生徒が中ダレすることを防ぐため，途中経過報告フォームを提出させるなどの仕掛け作りも必要である．

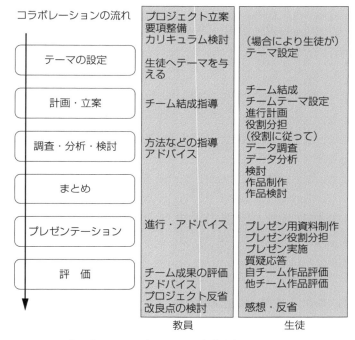

図13·1 コラボレーション作業進行のイメージ

4. プレゼンテーションの目的と技術をあらかじめ教えておくこと

現在，PowerPointを用いたプレゼンテーションは，現在小中高を問わず，当たり前のこととなっている．問題は，プレゼンテーション指導の内容である．最初は，短い時間の自己紹介など，簡単なプレゼンテーションで基礎技術を磨く段階を設ける必要がある．そのような中，特に高校では，プレゼンテーション教育の方向性として「アカデミックプレゼンテーション」を目標とすべきである．自分あるいはチームが調査・研究した成果を客観的な資料をもとに聴衆に対して，学術的な内容を伝えることを前提としたプレゼンテーションである．そこには用いた資料の信用性から始まり，いかにわかりやすく加工するか，どうオリジナリティを持たせるか，著作権への配慮など，総合的な要素が要求される．

5. 教員の創造性と意欲

コラボレーションプロジェクトは，その発案から体制づくり，途中指導，評価など担当教員は多大な負担を強いられる．授業時間だけでは足りず，放課後の指導

が必要になる場合も多々生じるであろう．しかし，終わってみると教員・生徒双方にとって達成感や得られる経験は大きい．生徒が楽しみ意欲を持ちながら作業ができ，得られる収穫の大きいプロジェクトを作るためには，プログラムをコーディネートする教師の斬新なアイデアと実施に向けての綿密な検討が必要である．相手が他校や他国である場合には，学校事情や意欲の差，時差などの問題があり，なおさらである．情報科教員は，常にプログラムのアイデアを創造すると同時に，他で行われている様々なプログラムの情報を集めるアンテナを敏感にしておかなくてはならない．

情報科教員には，創造性と意欲が他教科以上に問われているのである．

13・4 授業システム改善の動き

近年，授業システムに対する様々な試行がなされている．参考までに，その紹介を行う．

13・4・1 アクティブラーニング

「アクティブラーニング」とは，近年よく主張される授業形態で，生徒が能動的かつ協働的に授業参加する形態である．それを現実化する手段として，グループディスカッション・ディベート・コラボレーションなどが取り上げられている．求める形態は今更いうまでもなく時代を問わず当然のことであり，そのことはむしろ旧態然としてなかなか改革の進まない授業形態に対するジレンマともとれる．問題は，このような状況をどう創るか，ということであり，そのキーが情報科でありICT技術であると考える．

13・4・2 反転授業

反転授業とは，授業内容をWebやMovieで自学自習をし，教師は生徒の質問に答える役として存在する授業形態である．生徒の意欲が大きく授業効率に関わってくる授業形態であるが，その大きな要素をWebやMovieの面白さが握っている．つまり事前教材であるWebやMovieのクオリティ，ひいてはそれを作る教師の資質が勝負ということである．

一方で，この過程で作成される教材は，長期欠席・登校拒否の生徒の自学自習教材としても使えるため，いずれ各高校ともアーカイブとして教材を蓄積してい

く必要がある．

演習問題

問 1 現在実施されている，酸性雨調査やある種の虫の存在情報など，広く校外からデータ提供を求めて調査研究を進めるタイプの自由研究プロジェクトにはどのようなものがあるのか，検索して見よ．また，あなたが某高校の情報科教員だったと仮定し，このような広く情報提供を求めるタイプの総合学習プログラムを考えよ．

問 2 学校の有志を募って数校の他校と行う3ヶ月程度のコラボレーションプロジェクトを考え，有志を募集するために学校に掲示するA4判ポスターを作れ．以下の，要領を守ること．

要領
1. 日本全国の高校から参加校を募集する．
2. 各校6名で1チームを構成する．
3. 課題に対して各チームで検討し，プログラム開始3ヶ月後全チームが同じ会場に集まり，成果発表を行う（発表の形態は，各自考えよ）．
4. 参加校引率教員は，成果発表の審査を行い，評価・表彰を行う．

参考文献

1) 文部科学省指導要領（高校「情報」「総合的な学習の時間」）
   http://www.mext.go.jp/a_menu/shotou/new-cs/youryou/1304427.htm
2) 文部科学省指導要領解説（高校「情報」「総合的な学習の時間」）
   http://www.mext.go.jp/a_menu/shotou/new-cs/youryou/1282000.htm

14章 評価の工夫

　生徒一人ひとりに「確かな学力」を身につけさせるために，評価を工夫し適切に行うことはきわめて重要である．

　この章では，主に生徒に対する評価について扱い，観点別評価について詳説するとともに，観点別評価に基づく指導計画や学習指導案の作成方法について述べる．また，生徒どうしが行う相互評価とその方法についても触れていく．

14・1　観点別評価と評価の工夫

14・1・1　評価の観点

　1999年告示の旧学習指導要領では，自ら学び自ら考える力などの「生きる力」を育成することが示され，評価についての考え方も，2000年12月に教育課程審議会から「児童生徒の学習と教育課程の実施状況の評価のあり方について」が答申された．この中で，「目標に準拠した評価を一層重視する」ことが基本的な考え方となっており，特に高等学校においては，「ペーパーテスト等による知識や技能のみの評価など一部の観点に偏した評定が行われることのないように，『関心・意欲・態度』，『思考・判断』，『技能・表現』，『知識・理解』の四つの観点による評価を十分に踏まえながら評定を行っていく必要」について触れられている．

　「生きる力」の理念は2008年告示の学習指導要領にも引き継がれているが，特に，学校教育法や学習指導要領総則に，学力の重要な三つの要素として

【1】基礎的・基本的な知識・技能
【2】知識・技能を活用して課題を解決するために必要な思考力・判断力・表現力等
【3】主体的に学習に取り組む態度

が示されている．これらの三つの要素と観点別学習評価の在り方について，2010

年中央教育審議会初等中等教育分科会教育課程部会による「児童生徒の学習評価の在り方について（報告）」がなされ，従来の四つの観点が次の四つに整理された．

上記【1】に対応する観点を「知識・理解」および「技能」とし，特に，従来「技能・表現」における式やグラフ等で的確に表現する内容も含め「技能」とする．

上記【2】に対応する観点を「思考・判断・表現」とし，知識・技能を活用して思考・判断した内容を，言語活動等で表現する活動まで含め，一体的に評価する．

上記【3】に対応する観点を「関心・意欲・態度」とし，従来の「関心・意欲・態度」同様，それらをはぐくむことは引き続き重要である．

内容については，概ね従来の四つの観点が踏襲されているが，大きく変わった点は，「技能・表現」の「表現」部分である．従来「技能・表現」の「表現」には，いわゆる型としての「表現」と，自らの思考の現れとしての「表現」とが混在していたが，今回の整理により，型は「技能」として，思考の現れは「表現」として扱うこととされている（**図 14·1**）．

図 14·1　新しい「四つの観点」と「学力の三要素」

また，「知識・理解」「技能」は身につけるべき基礎・基本であって，習得させるだけでなく，それを活用して「思考・判断・表現」を行う，という流れが明確になった．さらに，その「思考・判断・表現」が，新たな「知識」「技能」となるように，言うなれば，上記【1】と【2】については，相互に関連する車の両輪のように例えられている．そして，それらの学習過程の中で，「学習意欲」のさらなる向上や「態度」の変容までもが求められている，ともいえよう．このことは，教

科「情報」の「社会と情報」「情報の科学」各科目において，双方ともに科目の目標が「〜態度を育てる」と結ばれていることからも想像できる．

このように，四つの観点による評価，いわゆる「観点別評価」については，新しい学習指導要領に伴いながら改善され，現在も全国的に実施されている．

14·1·2　評価規準と評価基準

2001年の文部科学省通知により「評価規準」という言葉が高等学校にも取り上げられたが，2008年の学習指導要領の告示に伴い，2010年には「評価規準や評価方法の一層の共有や教師の力量の向上等を図り，組織的に学習評価に取り組むことの重要性」などが文部科学省より通知された．評価を進めていく際に「評価規準」が引き続き重要な役割を果たすことが改めて示されている．

「評価規準」とは，目標や身につけるべき内容を質的に示して評価のよりどころとしたものであり，実際の評価の場面では，これに照らし合わせてA，B，Cの3段階で評価を進めていく．つまり，評価規準として設定した「あるべき姿」が実現されていれば「おおむね満足（B）」という評価がされ，それに満たない状況では「努力を要する（C）」ことになり，また，質的な高まりや深まりを持っていると判断される場合は「十分満足できる（A）」と評価されることになる．

「評価規準」とよく似た言葉に「評価基準」があるが，これは，評価規準に対し，何がどの程度達成できればどのような評価になるのか，という量的な尺度を示したものであり，いわゆるA，B，Cの「切れ目」を指し示す意味で使われる．実際には評価規準においてBの状況を具体的に設定するため，Aとなる達成度を示す場面で使われている．このように，「評価規準」と「評価基準」は評価を進めていくうえでは全く別物であるので，注意しながら使い分けていく必要がある．

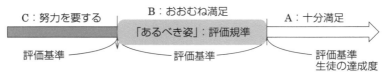

図14·2　評価規準と評価基準

14·2 評価の計画と学習指導案

前節では，評価を進めていくうえでの四つの観点や評価規準・評価基準を設定することについて述べたが，実際に評価の計画を立て，それを学習指導案に落とし込んでいく場面では，どの程度の時間がその単元に割り当てられるか，ということが大きな問題になる．また，学校によっては，生徒の実態にあわせて重点的に時数を割り振りたい単元もあるだろう．

観点別評価に基づく評価計画を立て，学習指導案を作成していくにあたっては，図 14·3 の流れを参考にすると良い．

14·2·1 年間計画と単元ごとの時間配分

まずは，年間計画を作成するところから始まる．まず押さえておきたいことは，「教科書や学習指導要領の内容をしっかりと意識する」ということである．「情報」という意味の多様性から，その内容を勝手に解釈してしまい，例えば 1 年間アプリケーションソフトの使い方に終始してしまう，などということは絶対にしてはいけない．「情報」は，「数学」などと同じ「教科」であり，その内容は学習指導要領や教科書にしっかりと記載されていることを十分認識しなくてはらない．これは肝に銘じておくべきである．

年間計画の作成方法には種々あるが，最も単純なのは，

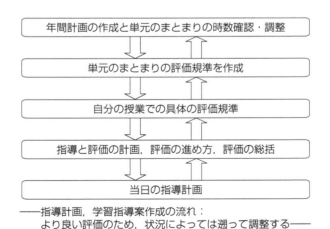

―― 指導計画，学習指導案作成の流れ：
　　より良い評価のため，状況によっては遡って調整する ――

図 14·3　指導案作成の手順の例

1. 教科書の総ページ数を総時間数で割り，平均進度を考える．
2. 単元により，実習の内容を考えて配当時間数を調整する．

という手順であり，年間計画を効率的に作成することができる．

例えば，120 ページの教科書を使っているとする．2 単位（週 2 時間）の授業で年間 35 週とすると，70 時間の総授業数になる．実際には定期考査や行事，祭日などがあるため，少なめに見積もって 50 時間で計算すると，1 時間当り 2.4 ページ，つまり，2〜3 ページ進める計算になる．

これを目安に，例えば，教科書の 1 章は 10 時間，2 章は実習を多く入れて 18 時間，などと単元ごとの重みづけやバランスなども考慮し調整していけばよい．

このように，まずはどの単元にどれだけ時間を割くのかをはっきりさせることにより，生徒に求める規準が定まってくる．

14·2·2　単元の評価規準と具体の評価規準

単元ごとの時間がはっきりしたら，次に評価規準を作成する．国立教育政策研究所による「評価規準の作成，評価方法の工夫改善のための参考資料（高等学校　共通教科「情報」平成 24 年 7 月）」（以下，「参考資料」という）を参考にすると良い．

「参考資料」は，「学習評価に関する基礎事項」「第 1 編　総説」および「第 2 編　共通教科『情報』における評価規準の作成，評価方法等の工夫改善」の 3 つの部分に分かれている．特に，第 1 編では，この章にて述べている内容が詳細に書かれているので，よく読み十分に理解を深めておくと良いだろう．

「参考資料」の第 2 編には，「評価の観点の趣旨」「評価規準に盛り込むべき事項」「評価規準の設定例」およびいくつかの事例が掲載されている．「評価の観点の趣旨」は，学習指導要領をもとにした科目全般の評価規準に相当しており，これをもとに各単元における「評価規準に盛り込むべき事項」が示されている．各学校においては，これらを参考に，それぞれの学校での「あるべき姿」，すなわち評価規準を作成することになる．

事例における「(2) 単元の評価規準」という部分には，四つの観点が横軸に示され，縦軸にはそれぞれ「単元の評価規準」「学習活動における具体の評価規準」が示されている．「単元の評価規準」は，それぞれの学校で作成した評価規準が入ることになり，「学習活動における具体の評価規準」では，「単元の評価規準」をさらに具体化し，実際の学習活動場面においての評価規準をより詳細に定める．こ

こで設定した具体の評価規準が，実際の授業での各場面における具体的な評価項目となる．

なお，教科書によっては，学習指導要領の複数箇所にわたって章立てがされている場合もあるため，章に対応する「単元の評価規準」を作成する際，「参考資料」にある「評価規準に盛り込むべき事項」が，そのままでは当てはまらないことも考えられる．このような場合，章の実際の内容にあわせ，「盛り込むべき事項」を必要に応じ複数の箇所から組み合わせたり除いたりするなどしながら「単元の評価規準」を作成し，それにあわせた「具体の評価規準」を設定すると良い．

14·2·3 指導と評価の計画

「学習活動における具体の評価規準」まで完成したら，次に「指導と評価の計画」を作成する．ここでは，単元での時限ごとに，どのような学習活動があり，どのような具体の評価規準を用いて評価するのか，また，どのような評価の方法を用いるのかが一覧になっている．

この「指導と評価の計画」が，それぞれの単元での設計図のような役割となっており，実際の授業をイメージしながら作成していくことになる．当然，評価項目が多すぎたり，少なすぎたり，あるいは偏ってしまったりすることもあるため，

	ア 意欲・関心・態度	イ 思考・判断・表現	ウ 技能	エ 知識・理解
単元の評価規準	……	……	……	……
学習活動における具体の評価規準	①…… ②……	①……	①……	①…… ②……

時限	学習活動	ア	イ	ウ	エ	評価の方法
1	○…… ○……	①			①	◇行動観察 ◇小テスト
2	○…… ○……			①	②	◇行動観察 ◇小テスト
3	○…… ○……	②	①			◇ワークシート ◇ワークシート

図 14·4　指導と評価の展開

「指導と評価の計画」を作成しながら，具体の評価規準を変更したり，評価の項目を増減させたり，また，場合によっては単元の評価規準そのものに手を加える，さらには時数を変更する，ということも視野に入れながら調整していく．

14·2·4　評価の進め方

次に評価基準について検討する．

それぞれの評価項目について，どのような状況であれば「十分満足できると判断される」状況（A）となるかの例を設定する．さらには，評価規準に満たない状況の生徒は自動的に「努力を要すると判断される」状況（C）となるため，このような生徒をどのような手だてで規準となる状況に近づけていくかを検討する．

14·2·5　当日の指導計画

「指導と評価の計画」に基づき，当日の指導案を作成する．当日の内容に関しては，すでに「指導と評価の計画」の段階ではっきりさせているので，その内容を，決められた時間内にどのように展開し，どのように生徒に働きかけ，具体的にどの場面で評価を行うか，などを記載していけば良い．

このときに，時間配分などで難しい状況になれば，「指導と評価の計画」をもう一度精査するなど，計画の修正も視野に入れるとともに，当日の学習目標を外さないようによく意識しながら進めていくことが大切である．

14·2·6　観点別評価の総括

このようにして評価項目ごとにつけられた評価を，それぞれの観点ごとに総括する．

総括の方法は，例えば，重点を置きたい項目に重みを置いて平均をとる，点数化する，などの方法が考えられる．

14·3　観点別評価の実際

「情報」はその意味の多様性により，教科としての目的（指導内容）と手段（指導方法）が混同されがちであるが，「参考資料」による「評価規準に盛り込むべき事項」をもとに，「単元の評価規準」を生徒の実態に基づいて作成し，さらに，授業の場面で用いる「具体の評価規準」を作成する，という手順を踏むことにより，

その単元の目的や指導内容を明確化することができる．さらには，それらを「指導と評価の計画」でバランス良く配置することにより，無理のない指導計画が立てられるとともに，知識や技能の評価だけでなく，自ら学ぶ意欲や思考力，判断力，表現力なども評価できるようになる．

観点別評価を進めていくうえで，次の内容を十分に理解しながらそのメリットを生かすようにしていくと良い．

14・3・1 指導と評価の一体化

「評価」というと，つい「A，B，Cをつける」「点数化する」などといった活動を思いがちであるが，むしろ，指導に生かす評価を充実させることが，これからの評価活動には求められている．

例えば，「評価の進め方」において，「努力を要すると判断される」状況（C）となった場合でも，生徒への適切な指導により，「おおむね満足できると判断される」状況（B）へと導いていくこともできる．また，評価は学習の結果に対して行うだけではなく，指導過程における評価も行うなど，評価の時期を工夫することにより，生徒により適切な指導を行うこともできるだろう．このように，評価のための評価ではなく，指導と評価を一体化させ，評価を指導に生かせるような工夫を進めることが重要である．

14・3・2 評価計画の適正化

評価の計画を立てるうえでは，自分が実際に指導や評価を行うときに現実的なものとなっているかどうかを意識する必要がある．

ときどき，評価の場面を過度に多くする，また，あまりにも詳細すぎる評価規準や評価基準を設定した計画を目にすることがあるが，それらの内容を実際に行うことができるのか，疑問が残ることも少なくない．

もちろん多面的な評価を行うことは大切であり，また，緻密な計画を立てることは，評価の研究という観点からはマイナスとは言い切れないが，例えば，時数が違うクラスの規準や基準をどうするか，また，検診や台風などで急遽授業が休みになった場合などの，他クラスとの整合性など，新たな問題も発生する．

評価計画を立てるうえでは，これらのことも考え，評価項目は多くても1時間につき2項目程度にとどめるなど，無理なく現実的な内容とするとともに，臨機

応変な対応も心がける必要がある．1回の授業ですべての観点についての評価を行う必要はない．

また，一つの場面の中で，例えば「思考・判断・表現」と「知識・理解」の両方を同時に評価できる，ということもあるだろう．この場合も，無理に複数の観点で見ることはない．「ここでは活用的な側面として『思考・判断・表現』」「ここは基礎・基本として『知識・理解』」など，意図的に観点を設定すれば良い．年間計画の中や授業進行の過程で，「習得」「活用」を意識した，バランスの良い計画的な評価を行うことが大切である．

14・3・3　授業改善

観点別評価を行い，評価規準を設定することは，決して授業内容や評価を固定しなければいけない，ということではない．あまり厳密に決めすぎても，融通のきかない評価になってしまい，かえって評価のための評価となってしまいかねない．

教員がPDCAサイクルを意識し，授業の進め方や評価方法，評価規準や評価基準など，実態にあわせてつねに見直し，より良いものにしていく必要があることはいうまでもない．その際，評価の根拠を公開して説明できることはもちろん，保護者や生徒にとっても理解しやすく公平感のあるものにすることに配慮するとともに，生徒による授業評価や，研究授業・授業公開での意見などを参考にしていくと良いだろう．

14・4　生徒による自己評価，相互評価

『高等学校学習指導要領解説　情報編』では，「情報の科学的な理解」の中で「自らの情報活用を評価・改善するための基礎的な理論や方法の理解」について述べている．「自らの情報活用を評価・改善する」ために，生徒自身による自己評価や生徒どうしによる相互評価を活用することは，非常に効果的な手法の一つである．

生徒による自己評価は，例えば，毎時間の取組みに対して自分で関心・意欲・態度を判断するなどの継続的な方法や，作品を制作したときにその出来映えについての技能について判断する場合などが考えられる．なかには，つねに最高点や最低点をつける生徒もいるかもしれない．しかし，自分自身を客観的に見る，すなわち「良いことは良い」「改善すべきところは改善する」ということを意識させ指導することは，生徒の向上心や自尊心を促すうえで避けて通ることはできない

であろう．さらには，これらの作品や評価をポートフォリオとして保存しておき，年度末に生徒自身の成長を実感させることにも役立てることができるであろう．

生徒による相互評価も，情報科では活用しやすい手法の一つである．例えば，「情報の表現・伝達の工夫」でのプレゼンテーションの場面や，「問題解決の評価と改善」での総合的な実習の場面での活用が考えられる．特に情報科では，Webサーバを活用したアンケートシステムなどが使えることが多いため，集計作業を効果的に行うことができ，より敷居が低くなっているともいえるだろう．

これらの自己評価・相互評価を取り入れるうえで念頭に置いておくべきことは，「成績に反映させる」というよりも，むしろ「評価は改善の良い機会」ということである．特に相互評価の場面では，匿名性にも配慮し，その結果を本人に効果的に伝える，ということも積極的に検討するべきである．なかには「友達だから」などと恣意的な評価を行う生徒もいるかもしれないが，それでは本人の改善のチャンスを奪ってしまうこと，正しい評価が本人の成長につながっていく，ということを，そのような生徒を指導するチャンスともとらえることができる．

これらの効果を十分に考慮したうえで，自己評価や相互評価をどのように授業に取り入れていくか，また，成績への反映はどうするのか，ということを検討していくと良いだろう．

演習問題

問 1 評価規準と評価基準について簡単に説明せよ．

問 2 指定された教科書での年間計画（50 時間）を立て，ある単元について，単元の評価規準，学習活動における具体の評価規準，指導と評価の計画を作成せよ．

問 3 「ポートフォリオ評価」について調べ，その内容と利点について簡単に述べよ．

参考文献

1) 評価規準の作成，評価方法の工夫改善のための参考資料【高等学校　共通教科「情報」】平成 24 年 7 月，文部科学省　国立教育政策研究所教育課程センター（2012）

2) 高等学校学習指導要領解説　情報編　平成 22 年 5 月，文部科学省（2010）
3) 児童生徒の学習評価の在り方について（報告），文部科学省中央教育審議会初等中等教育分科会教育課程部会（2014）
   http://www.mext.go.jp/b_menu/shingi/chukyo/chukyo3/004/gaiyou/attach/1292216.htm

15 章
学習指導案の作成

　本章では学習指導案の作成方法について解説をする．
　学習指導案は，いわば授業の設計図であり，生徒の実態や年間計画をもとに，「生徒観」「教材観」「評価規準」「単元の計画」「評価の計画」「本時の指導計画」などを記載する．学習指導案には厳密な形式や書き方があるわけではなく，自治体や大学，指導者によって記載内容が若干異なることが多い．
　ここでは，それらのことを踏まえ，代表的な形式やその書き方について，いくつか例をあげながら解説する．

15・1　学習指導案の内容

　14 章で述べたように，毎回の授業は年間計画や単元の計画に基づいて行われるため，学習指導案と年間計画，評価の計画，当該授業の計画などは密接に結びついている．また，学校によって生徒の実態やカリキュラムなども違うため，それらの背景も授業計画を立てるうえで必要な事項となってくる．そのため，一般的に「学習指導案」という場合は，ただ単にその日の授業内容のみを書けばよい，というわけではなく，「目標」「使用教科書」「当該科目に関する簡単なカリキュラム」「生徒のようすや使用教材の工夫」「評価規準」「単元の計画」「指導と評価の計画」「本時の指導計画」などをまとめたものを指すことが多い．
　「本時の指導計画」では，時系列の表形式で，当該授業が進んでいくようすを記載する．この部分でもさまざまな書き方があり，その記載内容について，例えば以下のような組合せがある．

- 学習内容　学習活動　指導上の留意点　評価　等
- 学習活動　指導上の留意点　評価規準
- 指導内容　学習活動　留意点

- 学習内容および活動　指導上の留意点
- 指導内容　生徒の活動　教師の指導と支援
- 学習活動　教師の発問・予想される生徒の反応　教師の指導・援助

「学習指導案は厳密な様式（フォーマット）が定められているわけではない」が，これは逆の言い方をすれば，標準的な学習指導案をもとに，求められている内容がわかりやすいような形式を各自が工夫する必要がある，ということである．指導教員のもと，多くの例を参考に，より良い授業のもととなる学習指導案を作成して欲しい．

15.2　作成上の注意点

指導案を作成するうえで気をつけたいことを以下にあげる．

1. 全体の流れがわかるような順番で記載する

まずは日時や対象，授業者，授業場所などの基本的な事項を記載した後，単元とその目標，使用教科書，簡単なカリキュラム（「情報○を○年次に○単位，2時間連続授業」など），生徒観や教材観などを記載する．これにより，以降の評価規準の設定理由がはっきりする．また逆に，評価規準を先に示し，そのバックグラウンドになるような学校の状況を示すような書き方も良いだろう．その後に単元の計画や評価の計画，本時の内容を書くことによって，本時の授業が全体の中でどのように位置づけられているかが明らかになり，わかりやすい指導案にすることができるだろう．

2. 語尾や句読点を統一する

学習指導案は「である」調で，必要内容を簡潔に書き進めるのが普通である．また，句読点「、」「，」や「。」「．」について，つけるのかつけないのか，また，つけるとすればどちらにするのかを，統一しておく．

3. 項目の主体や対象を意識した文体にする（特に「当日の指導計画」では注意する）

「学習活動」では，学習するのは生徒であるから，学習内容・学習活動などは生徒の学習活動について記載する．生徒が学ぶことを書き，生徒の「動作」は書かない．ほとんどが「〜を学ぶ」「〜を考える」という文末になる．「ノートをとる」「話を聞く」などは本来学習行為を示していないので，単独で学習活動に記載する

ことはない．「話を聞きながら，〇〇について考える」などと記載するのが適切である．

「指導上の留意点」では，指導するのは教師であるので，教師の立場で具体的に記載する．「答えてもらう」といった記載をよく見かけるが，生徒に対して「〜してもらう」という書き方はせず，指導する立場として「〜させる」と記載すべきである．教師の立場で記載することを忘れてはならない．

「指導内容」は何をどのように指導するかを箇条書きにする．板書やスライドに載せる内容や補足として説明する内容も記載しておくとよい．このようにしておくと授業の流れがわかりやすいので，説明の順序を適切に修正することができるなど，問題点を見つけ改善しやすくなる効果もある．同様に発問や指示も具体的に記載しておくとよい．指導に関わることは具体的に記す．発問する場合は内容を具体的に書く．どのような言葉で問いかけるか，指名をするのか挙手を求めるのかなど，発問の目的に応じて適切な方法を考えて記載する．

4. 個人情報の取扱いに注意する

学習指導案は一般的に校外にも出回ることが多いため，生徒の個人的な情報が指導案に入らないよう，取扱いには十分注意する必要がある．特に，特定の生徒名などは指導案に記載しないようにする．

5. 完成した学習指導案には押印をする

教育実習の研究授業など，改まった場所で配布する場合は，完成したら，自分の氏名のすぐ右に押印し，指導教員にも確認してもらう．そのため，自分の氏名の上に，指導教員の氏名を入れておくのが一般的である．

15·3 学習指導案の例

1. 「評価規準」「指導と評価の計画」「評価の進め方」を重点的に記した学習指導案

最初の例として，〈例1〉に国立教育政策研究所教育課程研究センターによる「評価規準の作成，評価方法の工夫改善のための参考資料（高等学校）」の形式に則ったものを示す．14章で説明した流れに従って作成されたものなので，14章と併せて参考にすると良いであろう．

2.「本時の指導計画」に特徴がある学習指導案

「本時の指導計画」が充実している指導案のうち,「学習活動　指導上の留意点　評価規準」となっているものを〈例2〉に示す．簡単な解説も入れておいた（アミかけ）ので参考にされたい．なお，評価の観点や評価規準，評価計画については14章や前節に詳しいため，ここでは簡略化して記載している．

3. 年間指導計画の例とそれに基づく学習指導案

実習時間の配当まで含めた詳細な年間計画に基づく学習指導案を〈例3〉に示す．「情報の科学」の年間計画や，授業用のスライドなどを参考にされたい．なお，「評価規準」「指導と評価の展開」などについては省略する．

4. 他の指導計画の例

メディアリテラシー（9章）に関する授業計画の一例を〈例4〉に示す．ここでは，出版メディアの作品制作の授業を想定した．

すでに映像メディアの代表であるテレビコマーシャルを批判的に分析した授業を実施済で,「歴史新聞・歴史号外の発行」を授業で行うときの指導計画である．ニュース雑誌の1ページを担当するという想定で，生徒に写真入りのページをワープロソフトで作らせる．取り上げるニュースは，歴史的な事実でもよいし，架空の事柄でもよい．作業はグループで行い，文章担当，写真担当，レイアウト担当などとして，役割を決めてもよい．「社会と情報」の学習内容である「情報機器や情報通信ネットワークなどを適切に活用するために，情報の特徴とメディアの意味を理解させる」に対応させる．

もう一つの「情報計画」例を〈例5〉に示す．これは「社会と情報」や「情報の科学」の「情報通信ネットワークの活用」で行われるインターネットを用いたデータ検索として，進学志望大学の調査を行わせることを想定している．例えばA大学の法学部に進学を希望している生徒はA大学のWebページを検索することはもちろんであるが，B大学やC大学の法学部も調べて，違いを批判的に比較検討させる．最後にプレゼンテーションソフトを用いて調査内容を発表させる．

15章 学習指導案の作成

―〈例1〉―

　　　　　　高等学校情報科　学習指導案

　　　　　　　　　　　　日　時　　平成○年○月○日（○）第○校時
　　　　　　　　　　　　対　象　　第○学年○組　○○名
　　　　　　　　　　　　授業者　　○○高等学校
　　　　　　　　　　　　　　　　　　指導教諭　○○　○○　先生
　　　　　　　　　　　　　　　　　　教育実習生　○○　○○　印
　　　　　　　　　　　　場　所　　○棟○階　コンピュータ教室

1　科目及び単元名
　　「情報の科学」(2)　ウ　モデル化とシミュレーション

2　目　標　　モデル化とシミュレーションの考え方や方法を理解させ，実際の
　　　　　　　問題解決に活用できるようにする．

3　使用教科書　　　○○○○（会社名）
　　及び副教材　　　○○○○（会社名）

4　単元の指導について
　(1)　単元について（→カリキュラムとともに，この単元がもつ位置づけなどを記載する）
　　　1校時45分間7時間授業で，3学期制であり，1学年に「情報の科学」を2単位設置（1時間ずつ週2回）というカリキュラムとなっている．
　　　本校での「情報の科学」の授業は，「問題解決」ということを切り口に，主に問題そのもののとらえ方や，問題の発見，収集，分析に特に重きが置かれている．
　　　具体的には，1学期に，
　　・ファイルやフォルダ，アプリケーションの利用など基礎知識の確認
　　・情報の特性とコミュニケーション，情報モラル
　　・情報通信ネットワークのしくみ
　　・問題のとらえ方，問題の発見，問題解決のための方法，情報収集，情報の分析
　　・モデル化とシミュレーション，データベース
　と進め，2学期当初に，一連の問題解決学習を意識させたプロジェクト学習として
　　・アンケート実習
　を行う．その後，
　　・コンピュータと情報の処理（ディジタル化のしくみなど）

- アルゴリズムとプログラム
- 情報社会と情報社会における法

を行い，3学期全体をかけて，2回目のプロジェクト型学習「総合実習」を行っている．

　今回の「モデル化とシミュレーション」の単元は，「問題解決の基本的な考え方」，即ち意識的に問題を捉え，発見・解決をするための基本的な考え方や技法を学習した後に，その具体的な解決方法を提供する手法の1つ，という位置付けである．これらを学ぶことにより，抽象化の工夫や，作業をシミュレートして段取りをする力を付けさせるとともに，抽象化したものをコンピュータでシミュレーションすることができる有益な方法を提供するものである．これにより，思考力・判断力・表現力をさらに向上させ，データベースなどの手法も学習しながら，1回目のプロジェクト型学習である「アンケート実習」へと進んでいく，応用的な内容である．

(2) 教材について（→資料や教材の活用方法や工夫について記載する）

　生徒一人ひとりにコンピュータ室の利用アカウントを発行するとともに，LMSを用いて生徒に授業内容や教材を毎時間連絡し，導入に役立てている．また，授業計画および授業内容，教材（ワークシート），スライドなどは，特に支障のないものに関しては，LMSに公開することにより，電子メールとあわせて欠席者の対応や自習にも役立てている．

　ワークシートは校内共有サーバから各自がダウンロードする方式をとり，そのまま電子データに打ち込んでいくスタイルをとっているため，情報の共有や活用及びタイピングが自然と身に付くように工夫をしている．一方，中学校までの習熟度にも配慮し，苦手な生徒等は時間中にすべて記入する必要はないことを周知している．

(3) 生徒について（→生徒の実態とともに，既習状況や興味関心，育てたい学力等を記載する）

　生徒は素直で教員の指導にも良く従う．アクティブラーニングを意識した主体的な学習やグループ学習なども多く行ってきており，協同的な学習にも慣れてきつつある．

　授業では，コンピュータを主体的・積極的に活用しようとする生徒が多い．マウスやキーボードなどの基本操作やワープロ・日本語入力などコンピュータの利用に関しては，小中学校でひととおりの学習がなされている状況が伺える反面，日常ではスマートフォンでインターネットにアクセスする生徒が大半であり，コンピュータを身近に利用している場面は大きく減ってきていると推測できる．コンピュータの理解や習熟にさらなる期待をしたい生徒も何名かおり，スキルについて個人差が極めて大きくなっていることに注意が

必要な状況である．

5　指導と評価の展開
　(1)　(2) 問題解決とコンピュータの活用
　　　ウ　モデル化とシミュレーションにおける評価規準

	ア　関心・意欲・態度	イ　思考・判断・表現	ウ　技能	エ　知識・理解
単元の評価規準	・モデル化とシミュレーションに関心を持ち，実際の問題解決に活用しようとしている．	・問題解決において，モデル化したり，シミュレーションしたりするための工夫について考え，分析・判断している． ・問題のモデル化や解決方法のシミュレーション結果を評価し，その結果を適切に表現している．	・コンピュータを用いたモデル化やシミュレーションを，問題解決に有効に活用するための技能を身に付けている．	・モデル化やシミュレーションの知識を身に付け，問題解決に活用する方法を理解している．
学習活動における具体の評価規準	①数的モデルに関心を持ち，数的モデルをもとにシミュレーションして，適切な値を求めようとしている．	①状態遷移表に必要な3要素を考え判断できるとともに，状態遷移図をわかりやすく表現している． ②フローモデルにおいて，サラダ作りのシミュレーションをグループで考え判断し，適切に図に表現している．	①数的モデルの計算式をもとに，表計算ソフトウェアを用いてシミュレーションを行う技能を身に付けている．	①モデル化を行うには，問題を構成している本質的な要素を抽出し，それらの関係を明らかにすることが重要であることを理解している． ②サラダ作りのシミュレーションを通し，フローモデルの作り方を理解している．

(2) 指導と評価の計画

時　間	学習活動	評価規準との関連				評価の方法
		ア	イ	ウ	エ	
1時限 [本時]	○モデルと状態遷移図 －モデルとは －モデルの種類 －状態遷移図とその作り方 －わかりやすい状態遷移図 　（グループワーク）		①		①	◇観察 ◇ワークシート
2時限	○フローモデル －フローモデルとは －フローモデルの種類 －フローモデルの作り方 －フローモデルの作成と推敲 　（グループワーク）		②		②	◇提出物 ◇観察
3時限	○数的モデルとシミュレーション －シミュレーションとは －数的モデルとは －人口増加モデル －カップケーキとクッキーの 　作成モデル －円周率の計算モデル	①		①		◇ワークシート ◇観察

(3) 評価の進め方

　　学習活動における具体の評価規準に照らし，「十分満足できると判断される」状況（A）と評価される具体例と，「努力を要すると判断される」状況（C）と評価される生徒への指導の手だてを次にまとめた．

学習活動における 具体の評価規準		評　価	
学習活動		「十分満足できると判断される」状況（A）と評価される具体例	「努力を要すると判断される」状況（C）と評価される生徒への指導の手だて
1時限 [本時]	イ①	状態遷移図において，正確かつトポロジー的に見やすい状態配置を意識しながら表現できている．	状態遷移表の意味に立ち返りながら，表の意味と図の関連を意識し例を挙げながら指導する．

	エ①	モデル化について，本質的な要素間の関係の大切さを具体的な例を挙げながら理解できている．	教科書の例だけではなく，多くの例を挙げ，モデル化の恩恵に触れながら大切さを指導する．
2時限	イ②	フローモデルにおいて，個人の役割を十分に意識しながらそれにあわせた効率的なモデルを考えている．	具体的な時刻においての状況をイメージさせ，だれがどのような作業をおこなっているのかを考えさせる．
	エ②	正確さだけでなく，新たな作業や付随する作業についても自ら想定して記述できている．	カレー作りの例を再度見せ，記述のルールや描き方を確認させながら理解を促す．
3時限	ア①	いくつかの数値を当てはめるだけでなく，それ展開させ自らグラフを作るなど，より積極的に取り組んでいる．	数式を一つひとつていねいに入力することにより，自動的に計算できるメリットを強調して関心を引き出す．
	ウ①	与えられた条件の下，自ら式を入力し，それを他人に適切に教えられる技能を持っている．	ポイントとなる式やセル番地等を再度説明するなどするとともに，周りに助けを求めても良いことを示す．

(4) 観点別評価の総括

　各単元ごとに学習活動における評価規準についてA，B，Cの3段階で評価を行い，その結果に基づき，単元が修了した段階で観点別に評価の総括を行うことを計画している．

　この単元では，基礎・基本を元にした内容とともに，それを活用した思考力・判断力・表現力等まで含まれている点，また，アクティブラーニングを意識した体験的な活動が含まれている点を考慮し，以下の重み付けによる評価を行う．

　なお，各学期において，複数単元を通した評価を行うことを想定し，あらかじめ，その単元における観点にも重みをつけている．

学習活動における具体の評価規準	重み付け
ア①	2
イ①：イ②	1：1
ウ①	2
エ①：エ②	1：1

学習活動における具体の評価規準の結果に対して，あらかじめ次のように評価の総括について考え方を定めた．なお，同一の観点にかかわる具体の評価規準の評価結果に，Aが1個とCが1個ある場合には，Bが2個あるものとみなして評価の総括を行う予定である．

> 【評価の総括の考え方】
> ①観点別評価の結果がAとBのみで，Aが半数以上の場合はAとし，その他はBとする
> ②観点別評価の結果がBとCのみで，Bが半数以上の場合はBとし，その他はCとする
> ③観点別評価の結果がAのみの場合はAとする
> ④観点別評価の結果がBのみの場合はBとする
> ⑤観点別評価の結果がCのみの場合はCとする

6　本時の学習指導案
　　(1)　本時の内容　　　モデル化とシミュレーション（モデルの意味と種類，状態遷移図）
　　(2)　本時の目標　　　モデルの意味や種類，またモデル化で大切なことを理解させるとともに，身近な機械の状態遷移モデルを考え表現する．
　　(3)　対象クラス　　　○年○組（計○名）
　　(4)　時　間　数　　　3時間のうちの1時間目

	時間	内容	生徒の様子	指導上の留意点	評価の観点と方法
1時間	3分	本授業の概要説明	・PCにログインする． ・サーバーからワークシートをコピーし立ち上げる．	来た者から，着席，PCにログインさせる．	
		「モデル」とは	・教科書P.122ページを開き，本時の内容を確認する． ・ワークシートに「モデルとは」を記入する．		
		「モデルの種類」	・ワークシートに「モデルの種類」を記入する．	・身近な例を挙げ，想像できるように説明を行う．	

展開1	20分	「モデル化で大切なこと」	・ワークシートに「モデル化で大切なこと」を記入する． ・教科書の「モデル化における重要点」(14行目から15行目)に線を引かせる．	・教科書の表現は若干難解であることが予想できるので，「必要な要素に単純化する」と言い換え説明する．	エ①（観察）
		「状態遷移図」	・ワークシートを見ながら，機械の振る舞いを想像する．	・状態遷移図は教科書に載っていない例であるので，エアコンやゲームの例を挙げながら，身近な所でも良く利用されているなど丁寧な説明を心がける．	
		「状態遷移図の書き方」	・ワークシートを見ながら，機械の振る舞いを想像し，順に回答する． ・ワークシートの状態遷移表の空欄を埋める． ・図を書き写す．	・できるだけ多くの生徒が回答するよう一人ひとりに一言ずつ，順に指名しながら回答させる． ・「状態」「入力」「出力」を強調する． ・表の意味と読み方を特に丁寧に指導する．	
展開2	20分	「練習1」	・問題を読み，まずは3要素（状態・入力・出力）を考え順に回答する． ・状態遷移表を完成させる． ・順番に答えを1つずつ言う． ・状態遷移図を書く．	・入力が2種類あることに気をつけさせる． ・机間指導を行い，記入できていない生徒に説明する． ・2種類ともに1つの図にまとめて書くよう指導する． ・できるだけ効果的な状態の配置となるよう，考えて図を書くように促す．	

		(グループシェアリング)	・4人グループになり，答え合わせを行うともに，見やすい配置のものを話しあいながら1つ選ぶ． ・選んだものを提出する．	・リーダーを指名し，リーダーを中心に話し合うように指示する． ・各自のものを修正したり，後から思いついたものは，別の用紙に記入しても良いことを指示する．	
		(全体シェアリング)	・中間モニターを見ながら，提出されたものを見る．	・書き直している途中のグループは，途中でも良いので状態の配置だけはしっかりと記入するように指導する．	イ①（提出物）
まとめ	2分	まとめ 次回に向けて	・中間モニターを見て，今日の内容の振り返りと次回の内容を簡単に知る． ・保存し，ログオフする．		

＜例2＞

学 習 指 導 案（例）

　　　　　　　　日　時　　　平成　年　月　日（　）第　校時
　　　　　　　　対象者　　　　年　組
　　　　　　　　授業者名
　　　　　　　　場　所　　　パソコン教室

1. 単元（題材）名
   教科書に基づいて単元名を明示する．授業で利用する教科書や副教材についてもここに記載する．
   　2章　問題解決とコンピュータの活用
   　　3節　処理手順の明確化と自動化
   　　　　1 アルゴリズム　2 プログラム
   教科書　○○書籍　情報の科学　P76〜P97
   副教材　△△出版　資料集

2. 単元（題材）の目標
   学習指導要領の内容を踏まえ，学校や生徒の状況に配慮して，学習内容・指導内容に沿った目標を設定する．
   　　問題の解決をアルゴリズムを用いて表現する方法を習得させ，コンピュータによる処理手順の自動実行の有用性を理解させる．

3. 生徒の実態
   授業観察などを通して掌握したクラスの状況を記載する．特定の生徒に対する記載は避け，クラス全体に対しての状況を記載する．このとき，「うるさい」「落ち着きがない」といった一方的に生徒に非のあるような記載はせず，私語が多い理由や落ち着きがない理由を生徒観察を通して理解し，適切な対応方法や注意点を書くべきである．
   　　生徒は授業には熱心に取り組み，モチベーションも高い．情報に関する知識やコンピュータ利用のスキルについては，生徒間に比較的大きな差がある．得意な生徒を伸ばし，不得手な生徒にも取り組みやすい授業のデザインが必要となっている．

4. 単元（題材）の評価規準
   単元の評価規準には，国立教育政策研究所教育課程研究センター（http://www.nier.go.jp/kaihatsu/shidousiryou.html）の「評価規準の作成，評価方法等の工夫改善のための参考資料」より共通教科情報

(http://www.nier.go.jp/kaihatsu/hyouka/kou/13_kou_zyouhou.pdf) を参考に記載する．

　学習活動に即した具体的な評価規準には，学習の結果として，「その時点での生徒の望ましい姿」を記載する．14章を参照．

	ア　関心・意欲・態度	イ　思考・判断・表現	ウ　技能	エ　知識・理解
単元の評価規準	・アルゴリズムや問題解決の自動実行に関心をもっている． ・問題解決にコンピュータやアプリケーションソフトウェアなどを活用しようとしている．	・問題解決の処理手順を考え，各段階で適切な方法を選択している． ・問題解決の処理手順を評価し，その結果を適切に表現している．	・問題解決の処理手順をアルゴリズムを用いて表現することができる． ・適切なアプリケーションソフトウェアやプログラム言語を用いて，問題解決の処理手順を自動実行させることができる．	・問題解決の処理手順をアルゴリズムを用いて表現する方法や，それを適切なアプリケーションソフトウェアやプログラム言語を用いてコンピュータで自動実行させる方法を理解している．
学習活動に即した具体的な評価規準	①アルゴリズムの表現にフローチャートを利用しようとする． ②プログラムがどのように作られるかに関心を持つ．	①手順を明確化し適切な方法で表現する． ②処理手順に合わせて適切な構造のプログラムを作成する．	①プログラム言語を用いて処理手順を記述できる． ②プログラム言語を用いてフローチャートで示されたアルゴリズムを表現することができる．	①手順をフローチャートで表現できることを理解している． ②プログラムによってコンピュータが動作することを理解している．

5.　単元（題材）の指導計画と評価計画（3時間扱い）

　学習内容には生徒が学習する内容を記載する．具体的な評価規準には4の具体的な評価規準を記号で示し，評価方法を括弧内に記載する．7(2)の本時の展開における学習活動や評価の観点は，ここに記載されていなければならない．

15章　学習指導案の作成

	学習内容・学習活動	学習活動に即した具体的な評価規準（評価方法）
第1時	アルゴリズムについて学び，フローチャートを利用して手順を表現する．	ア―①（行動観察）　イ―①（課題） エ―①（自己評価）
第2時	プログラムとはどのようなものか学ぶ	ア―②（自己評価）　ウ―①（課題） エ―②（自己評価）
第3時	プログラムの構造について学ぶ	イ―②（自己評価）　ウ―②（課題）

6.　指導にあたって

　　自己の課題について工夫・改善したこと等を記述する．指導方法（問題解決型学習，板書・発問，グループ学習等）や教材の工夫（ワークシート，地域の人材や教育資源の活用　等）についてもここに記載する．

　　個に応じて進められる教材を利用し，理解が進んでいる生徒に対してさらなる深い理解が得られるように工夫した．

7.　本時（第1時）

(1)　本時の目標

　　単元（題材）の目標を達成するために，本時において生徒にどのような力を身につけさせるのかを記述する．〜することができる．〜を理解する．〜を考えるといった文末であることが望ましい．

　　アルゴリズムについて学び，フローチャートを利用して手順を表現する．

(2)　本時の展開

・学習活動　　　生徒の学習活動なので，生徒の立場から書く．6の指導計画にある学習活動をもとに記載する．〜する．の文末になるのが一般的である．

・指導上の留意点　　教員の行動や注意すべき点はここに記入する．「何をどのように教えるのか」生徒に説明する内容を具体的に書く．

・評価規準　　4観点の評価規準から，具体的な評価のポイントを記載する．ここに書く内容は6．単元（題材）の指導計画と評価計画の指導上の留意点に記載した内容を書く．

項目	時間	学習活動	指導上の留意点	評価規準
導入	5分		アルゴリズム 今日はアルゴリズムについて学ぶ 前回のまとめ 実際に解決策を実行→危険/困難な場合も シミュレーション 　モデル化し試行錯誤を行う 　シミュレーションを通してモデルの評価が必要 前回はシミュレーションについて学んだ ・　シミュレーションのメリット ・　モデル化しシミュレーションする 　　シミュレーション結果でモデルの評価	
展開1	15分	アルゴリズムについて学ぶ	手順の明確化について 手順の明確化 休みの日の過ごし方 ① 朝起きて，外出できる準備を整える ② 天気予報を見る ③ もし降水確率が30%未満で気温が15度以上 　→外出先を遊園地に ④ それ以外→外出先を映画館に ⑤ もし，降水確率が30%以上→傘を持って外出 1日の行動が明確→無駄なく，効率的に行動できる ・　行動を明確にする→無駄なく効率よく行動 ・　友達とあらかじめ決めておけば，判断に迷わないし途中で連絡の必要もない． ・　手順を列挙するのもモデル化の一つの方法	

			効率的な情報の処理	
			効率的な情報の処理 問題解決のためのシミュレーション →コンピュータを用いた自動化が有用 →手順を明確化 →プログラムにする 手順を明らかにする→効率的な処理が可能	
			・ 手順を明らかにする→効率的な処理 ・ 手順を明確にする→プログラムにできる アルゴリズムとは	
			アルゴリズムとは 問題を解くための手順 ある目的を達成するために 　有限回の手順を実行 　答えを出す 　手順が停止する フローチャートなどの図式でも表現できる プログラム 　アルゴリズムをプログラム言語で表したもの	
			・ アルゴリズム＝問題を解くための手順 ・ ただし無限に繰り返さない ・ フローチャートなどの図式で表現 ・ フローチャート：流れ図ということも ・ 一般的な手順をフローチャートで表す事もある	
			（省略）	
展開2	25分	フローチャートについて学ぶ	（省略）	ア—① （行動観察）
まとめ	5分		自己評価・授業評価を入力 入力項目 1. 手順の明確化の考え方が理解できた 2. アルゴリズムとは何かが理解できた 3. アルゴリズムをフローチャートで記述できることが理解できた	ウ—① （課題）

| | | 4. フローチャートがある程度読めたり書けたりできるようになった | エ—①
(自己評価) |

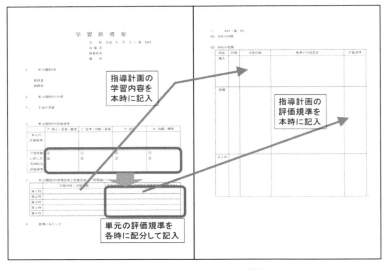

指導案に記載する各項目の関係

<例3>

「情報の科学」の年間指導計画

内容項目	指導すべき事がら	授業の概要	配当時間	実習時間
(1) 問題解決とコンピュータの活用	(a) 問題解決における手順とコンピュータの活用	生徒アンケート，基本操作確認，単語並換え問題の紹介	2	0.5
		単語並換え問題	2	1.5
		名所めぐり問題1	2	0.5
		名所めぐり問題2	2	1.5
	(b) コンピュータによる情報処理の特徴	コンピュータでの単語並換え問題の処理の特徴	2	0.5
		数値処理，数式処理，画像と動画の処理，音声処理	2	1
(2) コンピュータのしくみと働き	(a) コンピュータにおける情報の表し方	2進数と情報伝達	2	1
		ディジタル化，文字コード	2	0.5
		画像，音声のディジタル化	2	1
	(b) コンピュータにおける情報の処理	表計算による解析	2	1
		簡単なプログラミング1	2	0.5
		簡単なプログラミング2	2	1.5
		論理回路の概説	2	1
	(c) 情報の表し方と処理手順の工夫の必要性	アルゴリズムの特徴	2	0.5
		単語並換えの扱いと解法の工夫	2	1
(3) 問題のモデル化とコンピュータを用いた解決	(a) モデル化とシミュレーション	モデル化の意味とシミュレーションの方法	2	0.5
		確定的問題のシミュレーション実習	2	1
		確率的問題のシミュレーション実習1	2	1
		確率的問題のシミュレーション実習2	2	1
		グループ分けと課題解決	2	0.5
		課題解決作業	2	1
		発表と相互評価	2	1.5

	(b) 情報の蓄積・管理とデータベースの活用	データベースの概要	2	0.5
		所蔵する音楽 CD や本のデータベース作成	2	1.5
(4) 情報社会を支える情報技術	(a) 情報通信と計測・制御の技術	計測と制御の概観	2	0.5
		ケーブル作成	2	1.5
		ネットワークの概説	2	0.5
	(b) 情報技術における人間への配慮	障害者とインタフェース	2	0.5
		セキュリティ問題	2	1
		データの暗号化	2	1
	(c) 情報技術の進展が社会に及ぼす影響	著作権の特別講演	2	0.5
		課題選択，Web 検索	2	1.5
		情報検索と整理	2	1.5
		Web ページ作成	2	1.5
		生徒の相互評価とまとめ	2	1
		実習時間の割合＝47%	70	33

単元「モデル化とシミュレーション」の学習計画

情報の科学	学習指導案　＊＊＊高等学校，第 3 学年 A 組，指導者：＃＃＃	
項 目 名	(3) (a) モデル化とシミュレーション	
目　　標	社会現象や自然現象における問題を，部分的に抽象化したものがモデルであることを理解させる．適切なモデル化と正確なシミュレーションの方法を考えさせて，問題に適用する．	
指導計画	第 1, 2 時	モデル化の意味とシミュレーションの方法「自動販売機でのつり銭問題」や「名所めぐり問題」でモデル化の例を示す．「名所めぐり問題」のような確定的問題と「自動販売機でのつり銭問題」のような確率的問題の違いに気付かせる．確率的問題の解法についてもここで学習するが，あまり深入りはしない．また，シミュレーションにおいてはコンピュータを使う場合と使わない場合について意識させる．
	第 3, 4 時	確定的問題のシミュレーション実習「名所めぐり問題」でコンピュータを使った実習をさせ，宿や参加者の条件を変えたときの答えの違いに留意させる．進んだ生徒には，ほかの確定的問題である

		「住宅ローン返済計画」をコンピュータでシミュレートする方法を考えさせる．
	第5，6時	確率的問題のシミュレーション実習1 確率的問題では乱数が重要な役割を果たすことを認識させる．表計算ソフトなどを用いて，コンピュータで乱数を発生させて，その一様性を確認させる．「自動販売機のつり銭問題」をコンピュータ実習させる．進んだ生徒には，理論的に求めた確率計算とコンピュータ実験からの確率計算の比較をさせる．
	第7，8時	確率的問題のシミュレーション実習2 自然科学分野で用いられる手法の例として，モンテカルロ法を紹介する．円の面積を使って，円周率をモンテカルロ法で求める方法を説明する． はじめに，コンピュータを用いずにごまをまく方法を説明する．次にモンテカルロ法を円に適用する実習を行う．求めた円周率計算のグラフ化も行わせ，乱数の発生回数と答えの精度を概観する．時間があれば球でも同様のシミュレーションを行い，円の場合と比較する．さらに進んだ生徒には，二次関数のグラフの面積をモンテカルロ法で求めさせ，数学で学習した積分計算との比較をさせる．
	第9，10時	グループ分けと指示された課題の解決 生徒をグループ（3～4人）に分ける．「部品購入量の問題」，「病院での待ち時間問題」，または自分たちで考えた問題のなかから課題を選ばせてシミュレートさせる．
	第11，12時	課題解決の作業とグループ内での結果の評価
	第13，14時	グループごとの発表と相互評価，まとめ
留意点	1.	定形的なモデルだけを理解させるのではなく，問題を自分でモデル化できる力を付ける．
	2.	グループでの実習ではコンピュータを使わない方法も考えさせる．

第 7, 8 時の授業計画

第 7, 8 時の授業案 【本時の目標】 確率的問題のシミュレーションの例として，モンテカルロ法を紹介し，実際に体験させる．特に，結果をグラフ化して収束の様子を視覚化し，シミュレーション結果の精度についても考えさせる． 【評価の観点】 ・乱数の概念が理解できている． ・二次元だけでなく，三次元など高次元のモデル化に応用できる． ・シミュレーションの精度という概念を理解できる． ・数学で学習した積分との関連を理解できる． 【留意点】 数学的な内容にあまり深入りせず，表計算ソフトの一般的な機能を利用することに重点を置く．
具体的内容 【第 7 時】 導　入（10 分）：モンテカルロ法の説明． 　　　　　　　　 円の面積を使い，円周率をモンテカルロ法で求める説明． 展　開（ 5 分）：ごまをまく方法の解析． 　　　（ 5 分）：表計算ソフトでの作業の説明． 　　　（30 分）：表計算ソフトでの各自の実習． 　　　　　　　　 結果のグラフ化． 【第 8 時】 導　入（10 分）：円以外に球を用いる場合を考えさせる．話合い． 展　開（20 分）：表計算ソフトでの各自の実習． 　　　　　　　　 結果のグラフ化と収束の様子の考察． 　　　　　　　　 進んだ生徒には，$y = x^2$ のような関数の面積を求めさせ，数学で学んだ積分結果との比較をさせる． 　　　（10 分）：数人の生徒から結果発表をさせる． まとめ（10 分）：確率的問題のシミュレーションの方法にモンテカルロ法があることを理解させ，利用できたことを実感させる．

モンテカルロ法の授業用スライド

「モデル化とシミュレーション」の授業でこれまで学習した内容 (1) 確定的問題（名所めぐり問題）と確率的問題（自動販売機のつり銭問題） (2) 乱数について (3) コンピュータを使う場合 　　　　　　　　使わない場合 —1—	モンテカルロ法 自然科学の分野で用いられるシミュレーションで，1946 年に von Neumann（ノイマン）と Ulam（ウラム）により始められた． この授業では，モンテカルロ法を円周率（3.1415…）の計算に応用してみる． —2—
円の面積を求める方法 1 辺の長さが 1 の正方形内に，円の 4 分の 1 を描く．その部分の面積を求めて，4 倍すればよい． 小さな正方形に切って，円内の部分を数える 　→面積の近似値が求まる． —3—	ごまをまいて面積計算 小さな正方形で切る代わりに，4 分円を含む正方形内に M 個のごまを一様にまく． 4 分円内に入った数（$=S$）を数える．円と正方形の面積比 $=(4\times S)/(4\times M)=S/M$ と近似できる． —4—
π の計算 円と正方形の面積比 $=S/M$ $=(\pi\times 1\times 1)/(2\times 2)=\pi/4$　$\pi=4\times S/M$ 実際にごまをまいた例では，$S=98$，$M=120$ となったので $4\times S/M=3.27$ 　　（= 円周率の近似値） コンピュータではごまの代わりに乱数を使い，たくさんばらまく． —5—	表計算ソフトでの演習 以下の演習を行う． (1) 横方向，縦方向の乱数を発生させ，円周率を計算． (2) 乱数の発生回数による，円周率の変化のグラフ． (3) 正方形内の乱数の分布図． —6—

―〈例4〉―
「メディアリテラシー」の授業計画

第5, 6時の授業案
【本時の目標】
前回までに行った「テレビコマーシャルやドラマの批判的分析」の復習をさせ, 視聴者に訴える作品づくりのポイントをまとめさせる. 特に, 本時で学習する出版メディアにおいては, テレビと違う手法が取られることを理解させる.

【評価の観点】
「歴史新聞・歴史号外」としてニュース雑誌の1ページを担当するという想定なので, 読者に楽しんでもらえる内容か, 伝えたいことがはっきりしているか, 写真を有効に使っているか, 言葉使いなどを工夫しているかなどに注意する.

【留意点】
・写真取込みのためのスキャナ操作は1学期にすでに学習済みである.
・著作権について, 十分配慮させる.
・むやみにはでな紙面をつくる必要がないことをわからせる.
・次回の授業で作品発表を行い相互評価をする. その後, 作品の手直しをさせる.

具体的内容
【第5時】
導　入（10分）：映像で用いられる効果にはどのようなものがあったか.
展　開（20分）：実際のニュース雑誌を数種類用意して, 生徒に閲覧させる. 編集方針が出版社によって違うので, できるだけいろいろな会社のものを用意する. 読者を引き付けるために, どのような工夫がなされているか, 写真はどのようなものが使われているか, 紙質はどうかなどを討論する.
　　　（20分）：今回は「歴史新聞・歴史号外」としてニュース雑誌の1ページを担当するので, グループごとに記事の内容を決める.

【第6時】
展開（続き）
　　　（20分）：グループごとに内容を発表させる. 作品化が難しそうなものには, ほかのテーマに変えることも含めてアドバイスする.
　　　（20分）：グループ内で分担した役割ごとに作業する. インターネット上のデータ検索や, 図書館での資料・写真探しなどを行う.
まとめ（10分）：本日できたところまでの状況を, グループごとに報告させる. 各自が用意できる資料集めなどを宿題とする.

メディアリテラシー　ワークシート

ニュース雑誌の作成
グループメンバー氏名
記事のテーマ：
このテーマを選んだ理由：
誰を対象とする記事か：
記事の内容の概略：
読者を引き付けるために工夫する点：
作業分担，資料集めの方法：

―――〈例5〉―――
「大学情報の検索」の授業計画

第3, 4時の授業案
【本時の目標】
インターネットでWebページ検索ができるようになる．多くの情報のなかから，自分の目的に合った情報を抽出することができる．

【評価の観点】
- ある大学の情報をWebページから収集するときに，検索エンジンの適切な利用と活用ができるか．
- 大学のWebページの情報を批判的に分析できるか．
- 一つの大学だけでなく，複数の大学間で情報の比較ができるか．
- 大学についての情報を多角的に調査できているか．
- プレゼンテーション用の資料集めが適切にできるか．

【留意点】
- 作業を始める前に，進学を希望する大学・学部を自覚させるが，まだ明確でない場合は，仮定でもよい．
- 今回は情報検索が中心で，次回の授業で発表用のスライドをつくる．

具体的内容
【第3時】
導　入（10分）：進学希望の大学・学部を各自考えさせる．そのとき理由も考える．
展　開（30分）：Webページ検索エンジンについての復習を行う．特に，検索の絞り込みについて考えさせる．また，AND，OR検索などの機能活用についても触れる．
　　　（10分）：Webページ検索を行う．

【第4時】
展開（続き）（40分）：Webページ検索を行う．
　　　　　　　大学の特徴や，学部の講義内容，教授陣の研究内容，学生数，大学キャンパスの場所，授業料，奨学金制度などについて，多角的に調べさせる．
まとめ（10分）：本日できたところまでの状況を，数人に発表させる．次回もさらに作業が続くので，各自が用意できる資料集めなどを宿題とする．次回は発表用の資料をつくる作業が主になる．

PC教室の設計

◻机の配置

計算機を授業・自習用に集めた教室にはいくつかの設計パターンがある．

1. 通常教室型

生徒1人ずつの机にパソコンを置く方法である．パソコンが視界のじゃまをするので生徒・教員が相互に姿を見にくくならないように，通常の教室とは異なるように机を配置するとよい．窓からの明かりがパソコンのモニターで反射しないように配置方向に工夫が必要となる．

2. 生徒による自習や演習が中心となる場合の構成

教室の使用実態が，生徒による実習中心となる場合は，大きめの机をいくつか用意し，班ごとに分けて共同作業をさせる場合がある．

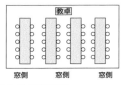

縦長・横長の教室における配置例

一つの机を一つの班で共有すると，互いの顔は見えるが画面を確認することはむずかしい．一方，同じ班の生徒が背中合わせに場所を共有する場合は，振り向くだけで互いの画面を確認することができる．さらに話し合いをするときは必ずパソコンを背にするので話し合いに集中できる．

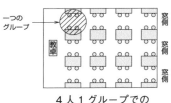

4人1グループでのグループ学習中心型

3. 教員のみがパソコンを操作する構成

「教卓」のある位置にパソコンなどを置き，黒板の位置にスクリーンを置いてプロジェクタで投影する場合である．パソコンに簡単なUSBカメラをつけ，その画像を投影すれば，実物投影機の機能を兼ねることもできる．

◻PC教室を設計する際の注意事項

電源容量，空調，照明，音響施設についてはさまざまな注意が必要である．特にPC教室を英語科のCALLとしても使用する場合はヘッドセットなどの充実も重要である．また，車いすを利用する生徒のために，一部の机については高さを変更できるようにし，教室の入口も段差をなくすか，別途のスロープを作る必要がある．

なお，教室設計にあたっては，生徒，教員，教育委員会，納入業者，保護者の意見が対立することもある．情報ネットワーク教育活用研究協議会（JNK4）の「教育情報化コーディネータ（ITCE）」は，このようなときの合理的な意見を調整する資格制度である．困ったときは，資格保持者に相談してみることも有効であろう．

16 章
情報科とプレゼンテーション

　プレゼンテーションは情報を発信するコミュニケーションの方法である．プレゼンテーションは教科として指導する内容であるので，生徒に対して指導することは当然であるが，普段の授業自体にプレゼンテーションの方法や考え方を取り入れることで，より効果的な指導ができる．
　この章では教科の内容としてプレゼンテーションの方法や注意点を述べ，授業におけるプレゼンテーションの注意点や教育機器の活用方法を述べる．

16・1　プレゼンテーションとは
　プレゼンテーションとは，限られた時間の中で自分の考えやアイディアを相手に説明し，理解させたり，説得したりするためのコミュニケーションの方法である．いわゆる発表やプレゼンといわれるものである．授業や講演なども広い意味ではプレゼンテーションである．
　プレゼンテーションは普通教科「情報」の学習内容となっている．生徒の実習としてプレゼンテーションを指導するだけでなく，プレゼンテーションの手法を意識して授業を行うことが望ましい．ふだんからプレゼンテーションの手法を身近に感じることで，生徒自らが行うプレゼンテーションに生かせるような配慮が必要である．

16・2　プレゼンテーションの方法
　プレゼンテーションといえば，Microsoft 社のパワーポイントが連想されるほど，一般的に普及してきているが，プレゼンテーションはパワーポイントによるスライドショー以外にもさまざまな方法がある．場面に合わせて適切な方法を選択することが重要である．

---伝達方法---
- 実演　　・口述　　　・寸劇
- 文字　　・図・写真　・アニメーション・動画

---提示方法---
- 実物提示　　・板書　　・ポスター　　・配布資料
- スクリーン（大画面テレビ・プロジェクタ）

　人数が少ない場合は目の前で実物を提示し，実演する方法が有効であるが，授業のように人数が多く，教科書などの資料を持った場面では，黒板やプレゼンテーションソフトを利用する方法が効率が良い．最適な方法や機器を柔軟に考える必要がある．

16・3　スライドを用いたプレゼンテーション

　スライドを用いたプレゼンテーションは，企業活動や学会の発表などに多く使われている．授業で説明すべきポイントを含め，効率良く考えや意見を伝えるための手順について考える．

16・3・1　目的や内容の整理

　まずプレゼンテーションの目的や内容を整理する．
　「何を誰にどうやって伝える」かを5W1Hの形で整理することも有効である．対象となる聞き手に応じた内容を検討し，発表時間内で説明できるだけの内容に絞り込むことも重要である．伝えたいキーワードなども，この時点で列挙しておくとよい．

16・3・2　構成の検討

　発表する目的や内容を整理して，自分の主張すべき点が明確になったら，話す順序（ストーリー展開）を考える．一般的には序論・本論・結論の展開で組み立てることが多い．

序論・本論・結論

序論：導入となる部分．自己紹介や問題設定の理由を述べ，結論となる主張したい点を紹介する．テーマに対して興味・関心を持たせることが重要である．

本論：中心となる部分．結論にどのようにしてたどり着いたかを解き明かす．データや事例，分析結果などを具体的に紹介し，結論へ結びつける．

結論：本論で説明した内容をもとに結論を述べ，自分の主張を明確にする．

この他に，SDS 法や PREP 法がある．これらは「序論・本論・結論」の構成とよく似ている．

SDS 法：要約（Summary），詳細（Details），要約（Summary）
PREP 法：要点（Point），理由（Reason），具体例（Example），要点（Point）

16・3・3　資料の作成

構成に合わせて，文字や図，表を用いてスライドを作成する．動画や写真などを利用することもできる．スライドは見て理解するものとして考え，文章でなく箇条書きにまとめたり，図解にしたりするようにし，詳細な説明は口頭で行うようにする．

スライド作成のポイント

- 各スライドにはタイトルをつける
- できるだけ短い言葉でまとめる
- 色の組合せに注意する
- 1 枚のスライドは 1〜2 分程度を想定する
- 大きな文字で
- 図や写真を利用する
- アニメーションは極力使わない

持ち時間を意識して取り扱う内容を検討すべきである．伝えたい内容がたくさんあっても，持ち時間が少なければ，その時間内で伝えることのできる内容に絞り込む必要がある．持ち時間がなくなり，結論がはっきりしないようではプレゼンテーションの目的を果たすことができない．

スライド作成時にも聞き手を意識する必要がある．会場の後方でも見える字の

大きさや，はっきりとわかりやすい背景と文字の色の組合せ（白と黒の組合せが最良ともいわれる）などの他にも，対象によっては文字にルビをふるなどの配慮が必要である．

　アニメーション，音，動画を利用する場合，必要な部分に絞って使うべきである．特にパワーポイントのアニメーション効果やサウンド効果は，プレゼンテーションのアクセントとして使うのが適切である．多用すると目障り，耳障りであるだけでなく，意図しない動作により，進行の妨げとなることも多い．見栄えに凝るばかりで，中身のないプレゼンテーションにならないよう，十分な注意が必要である．

16・3・4　リハーサル

　発表の資料ができたら，できるだけ発表と同じ環境でリハーサルを行う．与えられた時間内に発表できることを確かめる他にも，以下のような点に注意する．

リハーサルのポイント

- 時間配分の確認
- 内容の再確認
- 機器の操作の確認
- アニメーションなどの動作の確認
- スライドのレイアウトや見栄えの確認

　できれば他人の前でリハーサルを行い，助言をもらうことが望ましい．発表者が理解していることを，すべての人が理解しているわけではないので，説明が足りないところや理解しにくいところなどを指摘してもらうことができる．

　また機器の操作方法を確認しておくことも重要である．プレゼンテーション冒頭の不手際は，せっかくの聴衆の集中力を落とすことにもつながりかねない．

　リハーサルを通して構成や話すべき内容をよく整理して，自信を持ってプレゼンテーションに臨めるように準備する．少なくともスライドを見れば話すべきことがわかるように練習し，原稿を頼りにしなくてもよいようにしておくべきである．

16・3・5　プレゼンテーションの実施

　プレゼンテーションは自分の考えを相手に伝え，理解・納得してもらうために行うものである．そのためには聞き手の反応を確認しながら進める必要がある．

原稿を棒読みし，聴衆に配慮のないプレゼンテーションでは，プレゼンテーションの役割を果たしていないといえる．「総合的な学習の時間」の導入以降，小・中学校で発表の経験をした生徒も増えているが，逆に原稿を棒読みし，失敗しないプレゼンテーションに注力する生徒も増えているので，注意が必要である．

プレゼンテーションのポイント

- 時間厳守
- 原稿の棒読みはしない
- 聞き手を楽しませるつもりで
- 聞き手のほうを向く
- 身振り手振り
- ゆっくりと大きな声で
- 不必要なアドリブをしない
- 聞き手に関心を持たせる
- 顔を上げて表情が見えるように
- ユーモアを交えて

一般的には緊張すると話し方は速くなるので，適切な間合いをはかって話すとよい．次のスライドに移る前に，話しておくべきことが抜け落ちていないか確認するのもよい．

聴衆は発表者の話を聞きにきているので，顔を上げて表情がよく見えるようにするとともに，身振り手振りなどジェスチャーを交え，発表者へ興味を持ってもらえるように心がける．聴衆に知り合いや友人がいる場合は，そちらに向けて話しかけるつもりでもよいだろう．また，聴衆の中に頷きながら聞いてくれる人を探すのも，落ち着いて話すための工夫である．

16・3・6 プレゼンテーションを終えて

プレゼンテーションが終了したら，関係者や聴衆から感想が聞けるようであれば聞くようにする．その場での意見は大変貴重であり，反省や改善に役立つものである．

16・4 実習としてのプレゼンテーション

ここまでは一般的なプレゼンテーションについての説明をしてきた．生徒に指導する際もこれらの注意点は有効である．生徒の実習としてプレゼンテーションを行う場合，所要時間による制約があるため，授業の目的に合わせて方法を検討する必要がある．

1クラス40人の全員で3分のプレゼンテーションをおこなう場合，授業時間を3時間程度確保する必要がある．相互評価を行う場合は，回を追うごとに評価者の目が肥えて厳しい評価となることもあるが，他者の発表を見て参考にすることで，回を追うごとに発表のレベルが向上することもあるため，全体として評価が安定しないことを理解しておく必要がある．

5～6人のグループに分け，グループ内でプレゼンテーションをおこなう方法も有効である．この場合，1時間で全員がプレゼンテーションできるため，グループの中で評価がぶれることはないが，グループ間の評価に差ができることもある．グループ内のプレゼンテーションを予選と位置づけ，グループ内で選抜された生徒によるプレゼンテーションをおこなう方法も考えられる．プレゼンテーションの手法を学ぶことが目的であれば，このような方法でも十分効果的である．

グループで調査・研究をし，成果やまとめをプレゼンテーションさせる方法もある．この場合は調査・研究がメインとなり，プレゼンテーションは成果報告の意味合いが強くなるため，プレゼンテーションの手法を学ぶという目標には向いていない．

プレゼンテーション実習では，評価シートを作成して聞き手の評価を発表者にフィードバックすることが望ましい．声の大きさ・内容・見やすさ・わかりやすさなどの項目について評価するとともに，感想を書かせるようにすると，プレゼンテーション改善の大きな手がかりとなる．

16·5 授業におけるプレゼンテーション

一般的な教室での授業は，黒板を使って要点を提示し，口頭や教具を用いて行われるプレゼンテーションと考えることもできる．講義ノートや指導案に従って板書しながら説明する方法や，教科書などの教材に沿って授業をしながら，生徒にとって必要なことがらをまとめ，板書する方法などが一般的である．どちらも生徒に伝えることがらを整理して文字や図形として伝え，口頭で説明を加える方法がとられている．これは，一般的なプレゼンテーションの手法と大きな違いはないのである．

情報に限らず，授業はプレゼンテーション的な要素を多分に含んでいる．情報科の教員としては，1・3「情報科の学習内容」に示したように生徒に指導することを念頭に置き，ふだんの授業の中で手本となるようなプレゼンテーションを行

うことが必要である．

授業におけるプレゼンテーションのポイント

- 大きな声でゆっくりと
- 身振り手振り
- 生徒に興味・関心を持たせる
- 生徒のほうを向き，目を見て話す
- ユーモア
- 生徒の反応を見る

　授業においては，アテンション（注意・注目）を適切にコントロールすることが大切である．授業の始まりや重要なポイントで注意喚起ができなければならない．だらだらと話し始めることなく，区切りが明確になるような工夫が必要である．声のトーンを変えることや，「注目！」と発声するなど，自分なりの工夫が必要である．場合によっては沈黙も注意喚起を呼ぶこともある．生徒がざわついているときにそのまま話し始めても，内容が伝わらないだけでなく，私語を容認する雰囲気となることがあるので，注意が必要である．

　注目が続くのは3分程度であるといわれているので，注意喚起ができたら重要なポイントはコンパクトにまとめて説明すると効果的である．1時間の授業の間，常に注意が引きつけられるわけではないという前提で授業構成を考える必要がある．メリハリ，リズムを考えた構成を心掛けたい．

　生徒に問いかけや質問をすることは有効である．この場合，難しくて答えにくい質問より，何らかの形で全員が答えられるようなものにするとよい．参加している意識が高まり，アテンションが持続しやすくなる．この場合，回答をあらかじめ想定し，その回答に対する対応を検討しておくことで，柔軟に対応することができる．聞き手にとってオーダーメイド感覚のある，聞き手を中心としたプレゼンテーションを演出することができる．

　スライド作成においては，できるだけシンプルなものを心掛ける．白背景に黒文字はコントラストが強く，色覚に異常があっても読み取りやすい．また，電子黒板などを用いる場合，書き込んだ色がよくわかるので効果的である．アニメーション効果も，考えさせたうえで答えを提示するなど，時間差が必要な場合を除いて使わないようにすべきである．項目が一つずつ出るアニメーションでは，最初に表示される項目と，最後に表示される項目の表示時間が違うことを理解しておくべきである．一番大切な項目を後から短時間しか表示しないのでは，印象に

```
┌─── <アニメーション効果> ───┐
│ ・時間差が必要なときに使う      │
│ ・注意喚起に使う             │
│ ・解答提示に使う             │
│ ・5 項目を一つずつ表示すると    │
│ ・この項目の表示時間は 5 分の 1 │
└──────────────────┘
```

図 16·1　アニメーションの効果と弊害

残りにくいことや，ノートなどの記録が間に合わないことがあることも考慮すべきである（図 16·1）．

顔を上げてプレゼンテーションするために，電子黒板（図 16·2）を活用するのも有効である．電子黒板がない場合も，無線マウスを用意するだけで，機器操作のために下を向くことがなくプレゼンテーションが可能となる．

16·6　プレゼンテーションのツール

近年，「教育の情報化」が進み，いわゆる ICT 機器が学校に導入され始めている．これらの機器を授業に活用することも有効である．

16·6·1　プロジェクタ

コンピュータやビデオなどの映像を拡大して投影する装置．

最近の製品では，コンピュータを使わずに USB メモリに直接保存した画像ファイルを表示する機能を備えるものもある．スライドを JPEG 形式で保存すれば，PC レスのプレゼンテーションが可能になる．

16·6·2　電子黒板

e-黒板とも呼ばれ，コンピュータ・プロジェクタと同時に利用する．専用ペンなどを用い，コンピュータの画面に文字を書き込んだり，マウス代わりにコンピュータを操作したりできる．ホワイトボード型の据え置き型，既設の黒板にセンサを取り付けて利用する簡易取り付け型，プロジェクタ内蔵型などさまざまな形態がある．

プレゼンテーションのスライドに電子ペンなどを利用して書き込むことが可能になり，ポイントを強調するのに役立つだけでなく，コンピュータの操作ができるため，操作の説明をする場合にも利用できる．

図 16·2　簡易取り付け型電子黒板

16·6·3　書画カメラ

　実物投影機やOHC（オーバーヘッドカメラ）とも呼ばれ，実物や教科書などをプロジェクタで投影する際に利用する．

　手元を見せて説明する場合や，教科書やプリントに書き込みながら説明すると

図 16·3　書画カメラ

きに役立つ．

16・6・4　タブレットパソコン

　キーボードを持たず，画面のタッチにより操作することができるパソコン．キーボード脱着式のものもある．パソコンのOS（Windows）が動作するものや，スマートフォンと同様なOS（iOSやAndroid）が動作するものがある．

　パソコンと同様にスライドショーや写真・動画を表示・再生するだけでなく，内蔵のカメラを利用して生徒のノートやまとめなどを写真に撮り，プロジェクタで投影して解説するなど，幅広い活用方法が考えられる．

演習問題
問1　情報の教科書を題材に1時間分の授業用スライドを作成せよ．
問2　プレゼンテーションソフトを利用して模擬授業を実施し，相互評価せよ．
問3　プレゼンテーションソフトを利用した授業の利点と問題点をあげよ．
問4　生徒に注意喚起をうながす方法を考えよ．

参考文献
1)　文部科学省：教育の情報化の推進
　　http://www.mext.go.jp/a_menu/shotou/zyouhou/main18_a2.htm

17章 授業形式の実習

　情報科の教員に限らず教員になろうとする者は，教員免許を取得するための教科教育法の講義の中，または教育実習期間中の取組みなど，さまざまな場面で授業形式の発表や実習を行うことがある．簡単な場合は，実際に授業するのではなく授業のシミュレーションだけを行う場合もある．

　本章では，そのための準備や心構え，授業評価について情報科教育法の立場で考察する．

17・1　マイクロティーチングと教壇実習

　学校の教員は，教室で生徒たちを前にして毎日授業を行っている．そのような正規の授業ではないが，授業の形態を模した取組みがいくつかある．それは，大学の教職課程で教員免許を取得しようとする学生が，情報科教育法の講義中に練

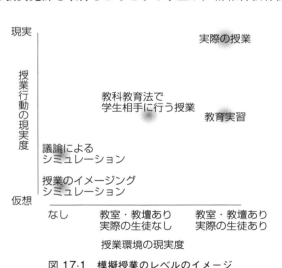

図 17・1　模擬授業のレベルのイメージ

習として行う「マイクロティーチング」，教育実習期間中に行う「教壇実習」，さらに教員採用試験で課せられる授業形式の課題などである．

このように，正式な教員になるためにはいくつかの授業形態の実習や試験がある．さらにその準備段階として，単に授業のシミュレーションだけをすることもある．

それらの授業をイメージ化し，それぞれの関係を示したのが図 17·1 である．ここでは，横軸に「授業環境の現実度」，縦軸に「授業行動の現実度」をとってある．「実際の授業」は両方の「現実度」が高いところに位置しており，そこまでの近さがレベル分けされている．ここで示された取組みを数多く経験することで，担当教科の内容や特徴を再認識することにもなる．

17·2　実習の概要

最初の段階として，個人で行う「授業のイメージングシミュレーション」がある．

そこでは，自分の担当授業を正しくイメージ化することが目標となり，それを表現した指導案の作成が必要となる．指導案には年間計画，単元の計画，1時間分の計画など，いくつかの段階があるが，それらについては15章で解説した．情報科教育法の授業では，このシミュレーションをグループ活動に広げて，各自が持ち寄ったシラバスや授業計画を議論し，内容に肉づけをしていく．これを「議論によるシミュレーション」と呼ぼう．これらのシミュレーションでは，授業を行う場所が普通教室か，それともコンピュータ教室，マルチメディア教室などの特別教室なのか，また，どのような教具や教材を使うかも考える．この段階では，シミュレーションだけであり，人前で授業を展開するわけではない．

次の段階が，情報科教育法で学生に課せられる，マイクロティーチングである．そこでは同じ情報科教育法を受講している学生を高校生に見立てて，50分ほどの授業を行う．あらかじめ作成した指導案に従って授業を進める．反省会では，時間配分は適切であるか，教える内容のレベルは適当か，黒板やホワイトボードの使い方，またコンピュータ，プロジェクタ，書画カメラなど情報機器を効率良く使用できたかなどが問われる．さらに，机間巡視，生徒への問いかけ，生徒からの質問に対する回答，などさまざまな角度から批評してもらう．たとえ失敗したとしてもその失敗体験を次のときに生かせるように，自己分析を行う．

また，他の学生の取組みを適正に評価する力を身につけることも必要である．

他の学生を適正に評価するためには，その教科の内容や特徴を熟知していなければならず，その意味でも深い学習につながっている．

教育実習で行う教壇実習は，実際の高校生を前にして，上記のマイクロティーチングのような授業を行うことになる．しかし，人数も多く，情報科に関する知識が少ない高校生に，いかにわかりやすく教えるかが問われる．担当するクラスの生徒の状況を事前に把握しておくと教壇実習がやりやすい．教壇実習後は，担当教員や他の実習生と反省会を開き，上記に示した時間配分をはじめとするさまざまな角度からの批評をしてもらい，次の教壇実習に生かす．

教員採用試験でも授業を課せられることがある．当然のことながら，これはさらに厳しく，試験の合否に関わるので十分な計画と準備をしておかなくてはならない．対象も生徒ではなく数名の試験官が相手となるので，かなり緊張する．ときどき，話す内容を台詞のように覚えこんでしまう学生を見かけるが，不自然な授業になるのでそれは避けたい．情報教育に対する十分な知識と準備が，緊張しないコツである．

17·3 ふりかえりの必要性

最後に，ふりかえりの必要性を再び強調しておきたい．これまで述べたように，授業形式の実習は，実習時間が終わればそれで終わりではない．実習である以上，必ずそこからフィードバックや評価を得て自分の授業技術の向上に役立てるべきである．

そのためには，実習直後の忘れないうちに，自分で気がついたことをメモし，参加者にもコメントをもらうことが必要である．可能ならビデオカメラで自分の実習を撮影しておくとよい．反省会でそれを見ながら批評してもらう．自分では気づかない癖などを知ることもできる．ふりかえりでは，これらの反省材料をもとに問題点を整理し，次回の授業や実習でそれを克服する対策を検討する．

演習問題

問1 情報科教育法の受講学生を相手としてマイクロティーチングを行え．反省会で，作成教材，使用機材，話し方などを評価してもらうこと．

コンピュータのセキュリティ

　実際のコンピュータ教室を運営していくにあたって欠かせないのが，セキュリティに関する作業である．業者任せにせずに，教員自らが責任をもって業務とすることが重要である．

■ **OS アップデートとアンチウイルスは車の両輪**

　パソコンにウイルスの侵入を防ぐ「アンチウイルスソフト」を入れておけば安全と思っている人が少なくない．これらのソフトがきちんと働くには，OS のアップデートが行われることが前提である．Microsoft なら Windows Update であり，Mac OS なら「ソフトウェアアップデート」を必ず毎日のように動作させておく必要がある．もちろん，アンチウイルスソフトの導入も忘れてはならない．

　また，OS そのもの以外に，ブラウザ，フラッシュプレイヤー，PDF ビューア，ワープロ，表計算，プレゼンテーションなどさまざまなアプリケーションにもセキュリティに問題が生じることがある．その際にも必ずアップデートを行っておくことが必要である．

■ **PC 教室のセキュリティ**

　普通のパソコンと比べ PC 教室特有の状況も忘れてはならない．まず，電源を投入してから OS が起動する間に，生徒が BIOS の設定を変更できないように BIOS パスワードを設定しておく必要がある．また，フロッピードライブや CD ドライブから起動できるようにしてあると，生徒が勝手に何かをインストールしてしまうかも知れないので，特別な利用がない限りは HDD のみから起動としておく．

　アプリケーションソフトやアンチウイルスのパターン更新の場合は，サーバにインストールして配布するタイプと，個々のパソコンに入れるタイプがある．ライセンスなどにも留意して導入しておく．

■ **Linux などを使用する場合**

　もともとサーバに用いることを前提として設計された Linux の場合でも，セキュリティの問題を無視してはならない．筆者（辰己）が知る範囲では，Linux 系の OS を使用した侵入（クラッキング）事件の多くは，パソコン OS をサーバに利用する場合は十分に注意する人が「Linux は安全だから…」と過信して，必要な対策をなにもしなかった結果として発生している．

■ **セキュリティポリシーや監査**

　学校の情報セキュリティとして必要な対策は複雑である．何をどうすればよいかわからなくなったときは，所属する自治体や法人のセキュリティポリシーに従っているかを調べてみるとよい．また，他県などのセキュリティポリシーも参考にすべきである．さらに，対策が十分行われているか不安になったときは，専門家や，興味を持つ教員どうしでセキュリティ監査を行って，相互に「穴」が開いていないかを調べるとよい．

18 章
これからの情報教育

本章では,情報教育全般に関する今後の展望について,生涯教育とブートストラッピングの概念を中心に解説する.

18・1　ドラッカーが主張する21世紀の教育

経営学者のドラッカーは,情報技術が教育と学校の社会的な地位と役割を一変させると予想し[1]),その要件として次の事項をあげている.

1. 学校は今日,読み書き能力が意味しているものをはるかに越える高度の能力を提供しなければならない.
2. 学校は教育制度や年齢を問わず,すべての生徒に対し,学習の意欲と継続学習の規律を植えつけなければならない.
3. 学校は,すでに高等教育を受けている人に対してはもとより,何らかの理由で高等教育を受けられなかった人々にも門戸を開かなければならない.
4. 学校教育は,内容に関わる知識とともに,方法に関わる知識,すなわちドイツ語の「ヴィッセンシャフト(知識)」と「ケンネン(ノウハウ)」の双方を与えなければならない.
5. 教育は,学校の独占であってはならない.企業,政府機関,非営利組織など,あらゆる種類の雇用機関が,教え学ぶための機関となる.

ドラッカーの指摘の1.は,教育内容が変わるべきであることを指摘している.2.では,一生学び続ける能力を与えなければならないことを指摘し,学校教育だけで教育が完結した工業化社会との相違を指摘している.3.は,高等教育がすべての人のためのものになることを予想している.4.は,知識だけではなく,それを応用する能力も学校は与えなければならないことを指摘している.5.は,教育が学校に閉じたものではなく,すべての雇用機関で行われるようになることを予想している.

ドラッカーの指摘を要約すると，生涯学習の到来と，それを可能にする教育システムとして学校が必要となること，また，学校教育の内容は単なる知識の伝達だけであってはならず，その応用能力の育成までが必要となるということであろう．これらは，新しい情報教育を考えることによって達成できる．

18・2　知識のストックとフロー

経済学者の野口悠紀雄は，「フローとしての個別情報はいつでも学べるけれども，それを評価するストックとしての知識の体系は，一つの学問体系を系統的に学ぶことによってしか身につかない．」と主張している[2]．

野口によれば，日本の「エコノミスト」の中には，基礎的な経済学の訓練を受けていない人がかなり多く，彼らは細々とした知識について熟知していても，それらをどう評価するかを知らないために，基本的なことがらについて判断を誤る場合が多いことと指摘している．このことは，日本の情報技術者についても，そのまま当てはまる．日本の情報産業が国内でしか通用せず，世界レベルの競争力を持たないのは，この事情による．

学校教育の目的は，野口の指摘するストックとしての知識の体系を与えることにある．その基本部分は，以下に述べるブーターとしての「情報」教育であり，どの程度これを学ぶかは，将来何をするかによって異なるが，その形成はその後の学習に大きな影響を与える．ストックがあれば，フローの知識はそれを応用する経験を通してストックに転換されるが，ストックがないとフローの知識はフローの知識にとどまり，時間の経過とともに陳腐化していく．

18・3　ブートストラッピング

情報技術の中に，ブートストラッピングという概念がある．「靴ひも」という名詞を動詞化したものであるが，その意味するところは，コンピュータが利用できる状況を実現するために，電源を入れたばかりの何も書き込まれていないメモリに，小さなプログラムを書き込み，そのプログラムによってさらに大きなプログラムを外部から読み込んで，それがまたもっと大きなプログラムを読み込む一連のプロセスのことである．最初の小さなプログラムのことをブーターと呼ぶが，この用語のほうが現在では広く知られている．

この概念は，情報技術だけでなく，子供の言語修得の過程や，素粒子物理，ベ

ンチャー企業の育成などでも有効なものである．教育の観点からすると，学校教育が与えるべきものは，ブーターの形成であろう．これが確立すれば，生涯教育が可能になる．そうなるようにブーターを形成することが，学校の目的であると考えることができる．

情報教育におけるブーターを考えてみると，以下の三つが考えられる．
1. 身体軸におけるタッチタイピング
2. 論理軸におけるプログラミング
3. 感性軸における図解作成

情報技術の利用には人間の身体が不可欠であり，また何らかの論理性が必要となる．単に利用するだけなら，この二つで十分であるが，何に情報技術を用いるかという利用の目的を決めるには，論理だけでは不十分であり，人間の意志が必要となる．意志に最も影響を与えるものは，何に価値を認めるかという価値観であり，これは何を美しいと感じるか，快いと感じるかという感性によって決まる．

18・4 身体軸としてのキーボード練習

18・4・1 短時間で可能なキーボード練習

コンピュータなどの情報機器を利用するには，人間が情報を機器に伝達する必要がある．かつては，この役割をキーボードが担ってきたが，最近ではこの役割をマウス操作が担うようになった．これによって，パソコンは格段にわかりやすくなり，社会で広く使われるようになった．しかし，文字入力に関しては依然としてキーボードが最も効率的な入力手段であり，マウスにとって代わられることはない．

キーボードはアルファベットだけでも26キーを操作する必要があり，練習が必要である．これにはタイプライターの練習法が用いられてきたが，日本語入力の訓練から生まれた増田式[3]を使うと，この時間が1時間で済む．

18・4・2 キーボード練習の方法

キーボード練習のポイントは，まず手元を見ないで打つことを続けることである．打つ文字を意識して手を動かすことを続ければ，指が打鍵動作を覚える．これは運動記憶であって，キーボード表を頭で覚え込むことではない．まず，基準

位置であるホームポジション（左 asdf，右 jkl;）につねに手を置けるように練習する．これができると，ホームポジションのキーを打つのは容易であり，左右の手の間にある gh のキーも人指し指を伸ばして打つことができる．

　上段や下段のキーを打つには，ホームポジションから打鍵に必要な片手全体を移動（ホームポジションシフト）したうえで，ホームポジションと同様に打鍵操作を行えばよい．打鍵に使わない手はホームポジションに残しておくので，これを手がかりに，移動した手をホームポジションに戻すことは，簡単にできる．打ち終わったらホームポジションに手を置くことが，上達の秘訣である．中段が打てれば，上段，下段はポジションの移動と打鍵という2段階の動作にして，すべてのキーを打つことができる．詳細については筆者（大岩）の研究室のウェブ[4]を見ていただきたい．

　日本の多くのキーボード教本は，打鍵する指だけを動かし，残りの指はホームポジションに残して練習するよう指示している．しかし，タイピストは決してこのような打ち方はせず，ホームポジションシフトして打っている．残して打つ練習を行わせるのは，48キーを操作しなければならず，打鍵後にホームポジションに戻すのが難しいカナキーボードの練習法をそのまま採用しているからである．28キーのアルファベットの場合は，残さなくても，だれでもホームポジションに戻すことができる．

18・5　入門教育の重要性と熟練の獲得

　マウスに数時間の練習が一般には必要となるように（p.53参照），キーボードについても数時間の練習でタッチタイピング（触視打鍵）が可能となる．こうした初期訓練をていねいに行わないために，パソコンの入門教育が一定以上広まらないだけでなく，入力するキー操作の目視による確認のような，本来必要のない非本質的な処理に貴重な人間の能力が浪費されている．

　キーボード入力の練習曲線を図18・1に示す．使い出すためには数時間の訓練が必要であり，その後，使い続ければ100時間程度で速度は頭打ちとなって，その後の上達は緩やかである．この頃になると，英文入力の場合についていえば単語の綴りを意識せずに，単語を思い浮かべただけで打鍵できるようになる．こうなると，キー入力は無意識の操作となり，自由にパソコンに情報を伝えられるようになる．このため，意識操作が必要となるマウス入力は，触視打鍵入力者には

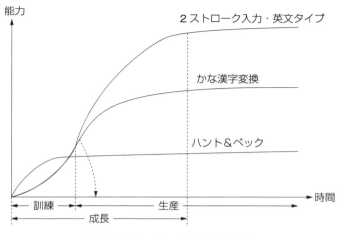

図 18·1　キーボード入力の練習曲線

負担の大きい入力操作となる．

　英文の場合と比較すると，日本語入力は変換が必要となるために，約3割，入力効率が落ちてしまう．このことは本質的なことではなく，日本語入力でも変換せずに入力が可能である[5]．

　問題なのは，目視打鍵に慣れた人の再教育である．数時間の練習で触視打鍵ができるようにはなるが，覚えたての打ち方より目視のほうが楽に打てるので，覚えた触視打鍵を続けることが難しい．したがって，覚えることは簡単であっても，これを定着させるのが難しいことになる．何事も最初が肝心である．

18·6　プログラミング教育（論理軸）

18·6·1　プログラミング言語の歴史

　プログラムはコンピュータにさせたい仕事の手順を記述したものである．コンピュータはプログラムに従って，コンピュータ上に表現されたデータに操作を加え，その結果を表示したり，使用したい機器に情報を提供して，その動作を制御する．

　プログラムは，コンピュータが解釈実行できるビットパターンで表現されるが，この表現形式を人間が書くことが難しいので，人間にわかりやすいプログラミン

グ言語による表現を，コンピュータによってビットパターンに変換することが行われてきた．コンピュータの歴史は，半導体技術の進歩による動作速度の向上とともに，このプログラミング言語の発展の歴史と見ることができる．

　最初のプログラミング言語は，コンピュータが用意する動作命令に対応した文字表現をコンピュータが解読実行できるビットパターンに変換するアセンブラ言語である．1950年代の終りに，数式を書けば必要な命令語を生成できる言語であるFORTRANが開発され，続いて事務処理用言語としてCOBOLが開発されて，いまに至るまで使用され続けている．

　しかし，これらの言語によって開発されるプログラムの規模が大型化したことから，プログラムの動作の進行を系統的に制御する必要性が生まれ，構造化プログラミングが提唱されるようになり，1970年代にはソフトウェア開発現場で一般化した．また，操作するデータ自体の表現（データ構造）が動作制御の記述（アルゴリズム）に大きな影響を与えることが認識されるようになった．

　こうしたプログラミング技術の進歩の中で，対象を表現するデータ構造とそれを操作する動作制御の記述を一体化して扱う「データ抽象」と呼ばれる方法論がプログラミング言語自体の中に取り入れられるようになり，1980年代には現在の標準技術である「オブジェクト指向」として結実した．

18・6・2　一般人にとってのプログラミング

　1980年代にパソコンが売り出されたときには，FORTRANを簡略化したBASIC言語が用意され，BASICでプログラムを書かなければパソコンを使えない時代があった．しかし，パソコンの有用性が認識されると必要なプログラムが商品として用意されるようになり，一般人がプログラムを書く必要性がなくなった．これと同時にプログラミング教育は，理工系の専門教育としてはありえても，一般人には必要のない技術であると，日本では考えられるようになった．これは，実用教育としての情報教育としては正しい判断である．

　しかし，学校教育は実用性だけで判断されるべきものではない．文章を書くことを業務として行うのは限られた一部の人にすぎないが，文章を読み書きする能力を育成することは，学校教育の中心課題である．同様に考えれば，プログラムを書くことも，それを業務として行うことがないからという理由で学校教育から排除するわけにはいかない．

プログラミングを一般人が行う意義は，コンピュータの本質を理解できるようになるからである．プログラムで書けないことはコンピュータに実行させることができない．一方，人間は，手順を明示しないでもできることがたくさんある．例えば人の顔を見分けることは乳幼児でも可能であるが，これをコンピュータに行わせることは難しい．情報産業はコンピュータを人間に模して使いやすいことをアピールするが，実は，これが技術的には一番困難な問題に挑戦していることになるのである．

　一方，人間にとっては続けられないような単純作業をコンピュータは間違わずに続けられる．その代わり，その単純作業の手順をプログラムとして書き出す必要がある．この「書き出すこと」が人間にとっては実は大変に難しい作業であることがわかっている．人間は論理の連鎖を作り出すことは不得意であり，それをするには専門的な訓練が必要となるのである．こうした事情を理解するには，自らプログラムを書いてみる経験を持つことが一番良い．

　プログラミング技術の高度化に伴って，一般人が自らプログラムを書く場面は少なくなっている．しかし，専門家にプログラムを作らせるにしても，何を作るかを明確に述べることが求められる．これが実は大変に難しいことであって，このための情報教育が必要となる．これには，どの程度，何を学習すべきか，がまだ明らかになっていないが，ユネスコの情報教育提案[6]では専門家とともに，大学進学者はプログラミングを学ぶことを勧めている．プログラムの基本構造である逐次，選択，反復構造が入口一つ，出口一つの構造を持つことから，これらを入れ子にして複雑な仕組みを作る構造化プログラミングの概念を習得すること[7]が，一般人の修得すべき最低のプログラミング概念と考えてよいであろう．

　2010年代に入って，英国や北欧諸国でプログラミングを5歳から教育する動きが始まり，米国も追随した．子を持つ親が政府に働きかけた結果であるようだが，これを受けて，日本も初等教育から行なうことが閣議決定された．

　日本には指導要領に従って教育を行なう制度が定着しているが，その中に新たにプログラミングという教科を入れることが困難であることから，各教科の中でプログラミングを教材としてとり入れるということしか方法がない．

　現行の算数の教科書を見ると，その内容は書かれた指示に従って生徒がコンピュータのように計算を実行して，その概念を理解する仕組みになっている．したがって，次節に述べる日本語プログラミングを導入すれば，算数の教科はプロ

グラミングを手段として使うことで実施可能となる．そのためには，現行の教科書における計算の指示を，プログラミング言語として整理することが必要となる．この方法によって，教科書と指導書を整備することで，小学校の教師がプログラミング教育を実施することが可能になる．

18・6・3　日本語とプログラミング

　コンピュータの応用範囲は今後数十年にわたって拡大し続けることが予想されることから，一般人のための情報教育の検討が今後も必要である．一つの方向性として自然言語を用いたプログラミングが考えられる．筆者（大岩）の研究室などでは，日本語でプログラムを書く研究[8]がなされている．これを初心者教育に用いてみると，教え方が一変したといってよい．従来必要であったプログラミング言語自体の習得が不要になり，書かれたプログラムを日本語として読むだけで，その内容を検討することができるようになったからである．言語の習得が不要になり，アルゴリズム教育に専念できるようになったことから，プログラミング教育の本質に直接入ることが可能になったのである．

　実は，日本語の語順は（情報）処理を記述する言語として最適の構造を持っている．文字による入力からマウスによる指示（GUI）でコンピュータを利用するようになったときに，語順が日本語と同じく，目的語→動詞の語順に変わった．従来は英語に引きずられて動詞→目的語の語順であったものが，日本語の語順になったのである．これは，日本語の語順が処理の記述に最適の語順であることの一つの証拠といってよい．

18・6・4　記号論

　従来のコンピュータ科学は，コンピュータ上で定義された加減乗除などの演算命令によって，最終的なプログラムの意味が解釈され，確定する世界を対象にしてきた．しかし，20章で述べるように，情報システムが議論の対象となってくると，コンピュータだけでなく，人間にとっての意味が重要になってくる．

　情報教育においては，コンピュータ科学だけでなく，情報技術がもたらす情報空間全体を対象にすることになる．その中核にある問題意識は，人間が情報から意味をどのように読み取るか，またそれをどう伝えるかにある．

　「ことば」は，人間にとっての意味を表現する記号列であるが，その意味をど

ように人間に伝えるかを考察した学問として，19世紀にソシュールが始めた記号論がある[9]．記号論においては，情報とそれが担う意味を全体として考察の対象とすることになる．

常識的には，「ことば」は対象とする実体があってそれに対応した意味を持つと考えられているが，記号論では，記号が対象を生み出すのであると考える．例えば，日本語では「水」と「湯」は別の「ことば」であるが，英語ではどちらも"water"と呼ばれる．日本語と英語では，水の概念が違うことがかわる．「水」と「湯」の区別は，日本語が先にあって決まるものであって，自然界にその区別が存在したわけではない．

記号論では，記号表現と記号内容を一体のものとして考える．「ことば」が持つ表現としての「水」と，その表現が表す意味内容としての「水」の概念は表裏一体のものであり，「表現」だけ，または「内容」だけが単独に存在するのではないと考える．「水」という表現があって，はじめて自然界の中から「水」と呼ばれるものが何であるかが決まるからである．それは英語の"water"と違って，「湯」は含まない．

さらに記号論においては，記号表現に直接結びついた記号内容（デノテーション）の他に，記号表現に連想を介して結びつく意味内容（コノテーション）も問題とする．例えば，「サクラサク」という記号は「桜の花が咲く」というデノテーションとしての意味の他に，これが入試の合格通知電報に用いられるという文脈では，「入試合格」というコノテーションとしての意味を持つことになり，こちらの意味のほうが実際に役立つ情報となる．

今後の情報社会を考えるとき，記号表現を扱うだけではなく，記号内容も視野に入れて情報を考える必要がある．記号論は，20章で扱う情報システムの分析だけでなく，インターネットの普及によって生じた情報爆発の中で，各個人が自分にとって有用な情報を選び出す際に，基本となる「メディアリテラシー」の考え方の基礎を提供してくれる．この意味で，情報教育のブーターの一つとして考えてよかろう．

演習問題
問1 体系化された知識と集めただけの知識の違いについて考察せよ．

問 2　タッチタイピングをしている人は例外なくタッチタイピングをパソコン使用に必須の能力と考えている．なぜそのように考えるかを調査せよ．

問 3　パソコン修得に失敗した熟年者を見つけて，なぜ失敗したかを調査せよ．

問 4　デノテーションとコノテーションで意味が全く異なる例を「サクラサク」以外に探せ．

参考文献

1) P. F. ドラッカー，上田惇生訳：ポスト資本主義社会，ダイヤモンド社 (1993)
2) 野口悠紀雄：「超」勉強法，講談社 (1995)
3) 増田忠司：2 時間でマスター 快適パソコン・キーボード，日本経済新聞社 (1999)
   http://homepage3.nifty.com/keyboard/index.htm
4) http://www.crew.sfc.keio.ac.jp/projects/2000keyboarding/index.html
5) 大岩 元：キーボードによる日本語入力，コンピュータソフトウェア, Vol. 5, No.3, pp. 2-11 (1988)
6) UNESCO：Information and Communication Technology in Education—A Curriculum for Schools and Programme of Teacher Development (2002)
   http://unesdoc.unesco.org/images/0012/001295/129538e.pdf
7) 阿部圭一：ソフトウェア入門（第 2 版），共立出版 (1989)
8) 大岩 元監修：ことだま on Squeak で学ぶ論理思考とプログラミング，イーテキスト研究所 (2008)
9) 齋藤俊則：メディア・リテラシー，共立出版 (2002)

第6部
情報教育に必要な知識

　「情報」の教員になるためには，その教科の内容についても十分知っている必要があることは当然である．

　本書は教科の内容に関する書籍ではないが，以下では「情報」を指導する前提として，とりわけ知っていて欲しいことがらについて選んで取り上げている．

19 章
情報の表現と発信

本章では，この教科の最も基盤的な問いである「情報とは何か」という点と，情報の表現（特にデザイン的な見方），および情報発信に関して，特に知っておくべきことがらを選んで取り上げる．

19·1　情報とデータ，情報量とデータ量

「情報」とは「われわれが持つ知識や行う判断のもとになるもの」である．例えば「雨が降っている」「気温が低い」などの事実は情報の例である．

上に述べた意味での（広義の）情報をさらに「データ」と「（狭義の）情報」に分けて考えることもある．例えば庭の木の枝が風により「何 cm くらい動いているか」は目には入っているだろうが，それを意識して何かに役立てるのでなければそれは単なるデータである．一方，動き方を観察してそれに応じてコートを着るかどうか判断するなら，「木の枝の動く量」は（狭義の）情報となる．

このように，「データ」と「情報」を使い分ける場合は，データは「単なるものごとの知らせ」で，「情報」は「使う人にとって何らかの価値がある知らせ」のように分けて考える（図 19·1）．

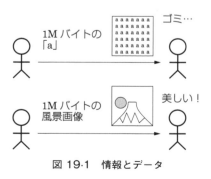

図 19·1　情報とデータ

また，木の枝の動きのデータを誰かに2回送ることを考える．相手が受け取ったデータの量は2回送れば2倍になるが，相手が受け取った情報について考えると，1回目で受け取ったのと同じものをもう1回受け取っても新しいことがわかるわけではないので，2回目には情報は増えない．もっとコンピュータ寄りの例として，「a」という文字を百万回入れたファイルがあったとすると，そのデータ量は1Mバイトであるが，情報の量として考えると『aがたくさん（または百万個）』という，ほんの少しの情報しか持たない．このように考えると，「データ量」と「情報量」は同じものではなく，ビット，バイトなどの単位で計るのはあくまでも「データ量」だということになる．

天気の例に戻ると，晴れも雨も同じくらい起きる地域では「晴れている」と「雨が降っている」というデータはどちらも同じくらいの情報を運んでいるといえる．一方，砂漠のようにごく稀にしか雨が降らない地域では「晴れている」というデータは当り前で価値が低く，これに対して「雨が降っている」というデータは大変珍しく価値が高い，と考えることもできる．このような考えに基づいて，データが運ぶ情報の量を出来事の「起こりにくさ」に応じて測る「相対情報量」と呼ばれる尺度もある．

19・2　情報とデザイン

デザインとは「設計」「計画」「目的」「意図」など多くの意味を含んだ言葉である．最も一般的にいえば「意図や目的を達成するための設計や計画」ということになる．デザインという言葉に対して世間一般であてられている意味である「意匠や形態を飾ること」は，その発現形態の一つということになる．

「情報」という教科においてデザインを扱う場合（いわゆる「情報デザイン」），大きく分けて次の二つの視点が考えられる．
- 情報表現のデザイン――「情報を伝達する」という目的や意図にかなうように，情報の表現方法や提示方法を設計/計画すること．
- 情報システムのデザイン――情報技術や情報システムの設計や計画において，その本来の目的や意図がより良く達成できるようにすること．

この両者は必ずしもきっちり区別されるものではない．例えば，情報システムがうまく使えるようになるためには，情報システムが提示する情報の表現を工夫することが不可欠である，というように，多くの場面において両方の視点が必要

とされる．

　情報デザインをさらに細分化すると，例えば次のような分野や方向性が考えられる（これは網羅的なものではない）．

- 色や形や配置などによる，平面デザインや立体デザイン——情報や情報発信者の意図を効果的に受け手に伝えるためのもの．世間でとらえられている「デザイン」のイメージに近い．
- 情報が持つ構造のデザイン——情報にどのような構造を持たせ，どのようなアクセス方法を提供することで有効活用させるかのデザイン．情報アーキテクチャとも呼ばれる．
- ユーザーインターフェイスデザイン——ソフトウェアや Web ページの動作する部分などにおいて，快適に，間違いをおかしにくく，効率良く利用できることをめざす．
- ユーザーエクスペリエンス（体験）のデザイン——ユーザーが情報システムと接することで持てる体験をデザインする．ゲームのような娯楽から，コンピュータを用いたアート，ユーザーインターフェイスの操作感まで含まれる広い分野．
- 情報システムデザイン——情報システムのコンセプト，構造，機能，動作を設計することで，より有効な，目的にかなったものとする．ソフトウェアの設計や開発に含まれる分野．

19・3　ユーザーインターフェイスのデザイン

　ユーザーインタフェイスのデザインはこれまで本格的なソフトウェア開発者にしか縁がないと思われてきたが，Web の登場により一般の人にとっても身近な問題となってきている．

　例えば簡単な例として，摂氏と華氏の温度を互いに換算する Web ページを作るとしよう．入力の温度と出力（変換結果）の温度を表示する覧と，換算を実行するボタンと，どちら向きの変換なのかを指定する選択メニューを組み合わせた例が**図 19・2** 左上である．

　しかし，選択メニューはメニューを出してみなければ現在選ばれているもの以外の選択肢が見えないので，この場合のように摂氏→華氏，華氏→摂氏の二つの選択肢しかないのであれば，ラジオボタンを使ったほうがわかりやすいかも知れない（図 19・2 右上）．ラジオボタンのほうが，選択時のクリック回数も 1 回少な

図 19·2　温度変換の三つの設計

くて済む．

　しかしさらに考えると，変換ボタンを二つにしてどちらを押すかで変換を切り替えるようにすれば，クリック回数はさらに少なくできる（図 19·2 下）．また，左側が華氏，右側が摂氏の覧というように固定したほうが，見間違いも少なくて済むかも知れない．このように，簡単な機能を使うだけでも，ユーザーインターフェイスの設計にはさまざまな選択肢や留意点がある．

　このように，ユーザーインターフェイスの「よしあし」を評価するうえで，その操作に「どれくらいの手数」が掛かるかを数えるのは一つの目安として有効である．より本格的なユーザーインターフェイスの評価では，時間計測を行ったりユーザーの操作を記録して分析することもある．

19·4　コンテンツ構成の設計

　Web ページなどの制作において，その内容（コンテンツ）の構成を正しく設計する方法を学ぶことは，個々のページを制作したり作成ソフトの操作を学ぶことより，はるかに重要である．

　構成を設計するというと，白い紙を前に悩んでいる図が浮かぶかも知れないが，これは全く間違ったイメージである．その方法で良い構成ができあがる可能性はほとんどない．ここでは，紙を使って作業しながら設計をまとめる手順を紹介する．

　1.　伝えたいことの目的を決めて紙に書く（紙はたくさん並べるので B6 判程度

のメモ紙がよい）．目的は「私たちの学校の面白いことがらを紹介する」「Webページ作りでおかしやすい著作権法違反について注意する」など，明確かつ具体的で，一言で言い表せるものがよい．

2. その中身として考えられるものを思いつく限り別々の紙に書いていく．例えば「学校」であれば「校風」「校舎・設備」「授業」「先生」「クラブ活動」「生徒会活動」などがあげられよう．また，例えば「校舎・設備」であればその中をさらに個々の特徴ある設備や周囲の環境などの項目に細分していくことができる．

3. 集まった紙をグループ化し構造を整理する．通常は「全体」→「大項目」→「中項目」→「小項目」のように木構造（階層構造）に整理するのがやりやすい．ある大項目には紙が1枚しかなく，別の大項目にはたくさんある，といったアンバランスが起きやすいが，さほど気にする必要はない（内容的に同じレベルのものが並ぶようにすることのほうが重要である）．

4. 内容を取捨選択する．1.で決めた目的に照らして，不要と思われたり寄り道の部分を取り除き，見る人の興味を引く「面白い」部分，目的から考えて落とせない部分を残す．また，Webページであれば作成に使える労力，プレゼンテーションであれば発表時間（2分につきスライド1枚が目安）に照らし，入らない内容はあきらめる．実際には，この段階は次の5.の段階と行き来しつつ調整することになろう．

5. 一つのWebページ，一つのスライドに入れる範囲を決めて紙を束ね，構成を決める．スライドでは1枚に入れられる内容は「ひとこと」の項目が数個程度までで，絵や図が入る場合はその分，減らす．Webページでは物理的な上限はないが，長いページは見にくいので適宜分ける．構成（Webページやスライドのつながり方）は，スライドでは「1枚ずつ出す」ので線形構造になるが，Webページは線形構造でも階層構造でもよい（階層構造のほうが後で内容を追加しやすい）．ただし，Webページを提示しながらプレゼンテーションを行う予定なら，スライドに準じた分量の線形構造にする．

6. 個々のWebページやスライドの内容をラフスケッチして構造どおりに並べて検討する．この段階で絵や図の配置や内容も（ラフスケッチでいいので）描き込んでおく．よくない点があれば戻ってやり直す．

Webページなどの制作は，必ず設計がすべて完成してから，完成したラフス

ケッチのとおりに行う(ただし,設計中に「どんな感じになるか」テスト用のWebページやスライドを作ってみるのはかまわない).

　実際の制作はソフトの操作を伴い,紙にスケッチするのに比べて非常に時間がかかる.そのため,制作を始めてから内容の変更による手戻りがあると,いつまでも完成しない.このため,スケッチを完成させてから原則としてそのとおりに作る,というのが鍵である(微調整程度はかまわない).また,この方法であれば,グループ制作の場合にも分担して製作することができる.

19·5　Webページの論理構造と物理表現

　基本的なHTMLが書けてページが作れるようになると,灰色や白の背景に黒一色の文字では単調でつまらないと感じるようになるのは当然である.ここで生徒を「ほっておく」と,すぐにHTMLの<font...>…</font>や<body bgcolor=...>…</body>などの機能を探してきて色を変えたり文字サイズを変更し始めてしまう.しかし,これらの手法はそれ以上の発展性がなく,HTMLでも非推奨の機能であるだけでなく,これらになじんでしまうことで「論理構造と物理表現の分離」という重要な概念を学び損なうことになる.

　そうではなく,基本的なHTMLが書けるようになった段階ですぐに,スタイルシートを使ってHTMLが示す論理構造に表現をつけられることを学ぶようにするのがよい.

　具体的には,たとえば次のような簡単なHTMLファイルにスタイルシート指定をつけたものを表示させてみる.

```
<!DOCTYPE html>
<html>
<head>
<title>Style Samples...</title>
<link rel="stylesheet" type="text/css" href="style1.css">←☆
</head>
<body>
<h1>スタイルシートを使ってみる</h1>

<p>スタイルシートを使えば,<em>1つのページをさまざまな見え方で</em>表示させることができます.</p>
```

```
<p>また，<em>複数のページに同じスタイルシートを適用</em>することで，見え方
を統一でき，後で簡単に変更できます．</p>
</body>
</html>
```

ここで☆の行がスタイルシートの指定であり，これがない場合は図 19·3 のような表示になる．ここで style1.css として次の内容を指定したとする．

```
h1 {text-align: center; padding: 3mm;
    border-style: ridge; border-width: 4mm; border-color
        : blue}
p {color: green; text-indent: 10mm; margin-top: 1mm;
   margin-bottom: 1mm; margin-left: 10%; margin-right: 10%}
em {color: rgb(200,100,100); text-decoration: underline}
```

これにより，見出しが枠で囲まれ，段落は上下マージンは詰めて左右マージン
は空けて 1 行目を字下げし，強調部分は色を変えて下線つきとなる（**図 19·4** 左）．

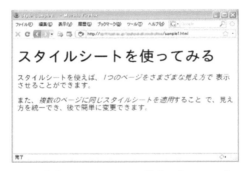

図 19·3 スタイルシート指定のないページ

図 19·4 スタイルシートを指定したページの表示

また別のスタイルとして次のものを指定したとする．

```
body {background-image: url(sample1.png)}
h1 {text-decoration: underline}
p {color: white; margin-left: 10mm}
em {background-color: rgb(20,120,0)}
```

今度は全体に背景画像を指定し，見出しは下線つき，段落はマージンだけ増やして，強調部分は背景の色を変更している（図 19·4 右）．

このように，構造（HTML）と表現（スタイルシート）を分離することで，一つの文書をさまざまな場面に応じて見せ方を変えて活用することが可能となる．

もう一つ重要なのは，スタイルシートと HTML が別のファイルになっていて，複数のページに対して同一のスタイルが適用可能となっている点である．これは，多数のページからなるサイトを構築するときに，各ページの見え方を（一つのスタイルシートで指定することから必然的に）統一するという効果をもたらす．また，ページのデザインを変更するときも，1 個のスタイルシートファイルを変更するだけですべてのページのデザインを一括して変更でき，作業の手間が軽減されるだけでなく，変更のし忘れや変更しそこないなどのトラブルも起きにくくなる．

19·6　情報システムとしての WWW の設計

最後に，情報システムとしての WWW の設計について改めて見てみることにする．WWW の本質は，次の 2 点にある．
- Web サーバはブラウザに要求されたコンテンツ（HTML，画像など）を返送するだけ．
- ブラウザは Web サーバから送られてきた HTML を手元の環境に合わせて整形し表示する．

このように分担することで，情報システムとしての WWW は非常に簡潔な構造を持たせることができた．そしてブラウザが「どのサーバからどのページを」取り寄せるかは，URL に埋め込まれたホスト名とパス（ファイル名）で曖昧さなく指定できる．

サーバは単に指定された内容を返すだけだから，多数のクライアント（ブラウザ）からの要求に効率良く対処できる．また，要求に対する応答返送の一環とし

て，サーバ上でプログラムを実行させる機能を組み込むことにより，その組み込んだプログラムでさまざまなWebアプリケーションが実現できるようになった．

一方，ブラウザはHTMLというマークアップ形式で書かれた内容を手元の画面の幅に応じて整形して表示するため，画面の広いユーザーも狭いユーザーもそれぞれの環境に応じた見せ方の画面を利用することができる．

画像の含まれたWebページについても，HTML中には画像が埋め込まれていることを示す指定（img要素など）があるだけなので，ブラウザは（例えばネットワークが遅い場合などユーザーの指定により）画像を取り寄せるのを省略したり，とりあえずページの全体像を表示しておいて画像はデータが到着してからしだいに表示していくなどの方法がとれる（図19·5）．

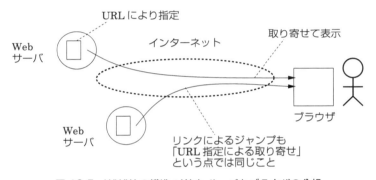

図 19·5　WWWの構造：Webサーバとブラウザの分担

一番興味深いのはWWWの本質ともいえるリンクの実現方法で，リンクはHTMLに「ここがリンクで，どのURLを参照」という指定だけが書いてあって，ユーザーがそこを選択したらブラウザは指定のURLのページをロードするだけである．

このように，WWWはWebサーバとブラウザによる分担およびHTMLとURLという形式をうまく設計することによって，さまざまなことがらを簡単にこなせる，非常に一般性の高いネットワークサービスの枠組みとなっている．

演習問題

問1　以下の発言で言及しているのは「情報」「データ」のどちらか．また類似

の問題を自分でも作れ．「USBメモリがいっぱいになってしまった」「そのニュースのおかげで足止めを免れた」「とにかく全部記録しておけ」「記録の中に異常の兆候がないかチェックすること」

問2 自分がよく使っているWebサイトを二つ選び，それぞれが19・2節のどの分野のデザインにおいてどのような工夫を行っているか（またはいないか）を表にまとめて比較せよ．

問3 時刻の検索，地図表示，切符の予約などのサイトから同種のものを二つ選び，同じ作業（時刻を調べたり特定の地図を表示したり特定の切符を予約する）に要する手数や時間を調べて比較せよ．

問4 A6判かB6判の紙を数枚用意して「自己紹介」「学校紹介」などのテーマから選んだページ群を設計してみよ．実際にブラウザになったつもりでリンクをたどってページ間を移動してみること．

問5 表現を指定しない（構造だけの）HTMLファイルを用意し，それに対して複数のCSS指定をつけて見え方の違いによる効果を検討せよ．

20章 ソフトウェア制作から見た情報教育

　本章では，情報技術者が行うソフトウェア開発が，単なる「プログラム作成」とはどのように違っているかを取り上げ，情報システム工学の視点から，このことを学ばせる手法についても紹介する．

20·1　専門教科「情報」から見た情報技術教育

　教科「情報」の教員免許は，専門教科としての「情報」を教える資格でもある．専門教科「情報」が目指すのは，消費者から見た情報技術ではなく，専門家として，情報技術を利用する人々のために働く技術者の教育である．共通教科「情報」が目指す一般人のための情報教育は，情報技術を使いこなすことを目的とするが，専門教科「情報」が目指す専門教育は，依頼者（施主，顧客，利用者）のために情報技術を提供する能力を育成することが目的となる．

　プログラムを作ることだけを取り上げても，自分のために作るのと，他人のために作るのでは，難しさの所在が全く異なる．自分のために作る場合は，解決すべき問題がわかっていて，その解決方法を考えて作り出すことが中心となるが，他人のために作る場合は，その人が何を求めているかを把握することが，仕事の中の大きな部分を占め，それを解決するための過程では，専門家にとってはほぼ自明の作業が続くことになる．多くの開発プロジェクトが，この要求獲得の過程がうまくいかないために，失敗している．

20·2　プロジェクトとして見たソフトウェア開発

20·2·1　プロジェクト活動の教材としてのソフトウェア開発

　ソフトウェアの開発は，具体的な目標があり，一定の期限内に完成させなければならないので，典型的なプロジェクトとして見ることができる．

プロジェクト学習のような構成的な教育が重視されるようになってきたが，小規模なソフトウェア開発を教材として検討してみると，プロジェクト学習に最も適したものの一つであることがわかる．

20·2·2　要求分析，仕様作成，設計，実現，評価

ソフトウェア開発は，そのソフトウェアを必要としている依頼者（施主）がいて，その依頼者の要請を受けてソフトウェア技術者が制作を行うのが一般的である[1)][2)]．開発する技術者は，依頼者と同じ世界に住んでいるわけではないので，依頼者の要求を理解できるとは限らない．依頼者の要求を理解する過程を要求分析と呼ぶ．

依頼者の要求が理解できたら，与えられた予算と期日の中でそれを実現できるように，作るものがどんなものかを確定する作業を行う．これを仕様作成と呼ぶ．

仕様が決まったら，それをどのように実現するかを考える設計を行い，その後，それを実際にソフトウェアとして実現する．こうして実現されたソフトウェアが，依頼者の要求を完全に満たすかどうかは使ってみないとわからない．仕様通りできたかどうかを評価するプロセスも必要となる．

20·3　見たこともないものを作る難しさ

ブランコの制作

コンピュータの急速な性能向上によって，その応用領域が急速に広がってきている．その結果，これまでコンピュータが使われたことがない領域での使用が，いたるところで行われるようになった．

新たにコンピュータを使おうとする場合，依頼者が想像するものを言葉で表現しても，完全に表現しきれるものではない．そもそも，依頼者自身が，自分が欲するものが何であるかをよく理解していない場合が実は多いのである．

このように，不完全な要求に対しても，分析者はそれを仕様にまとめなければ，開発は進まない．契約社会の欧米では，仕様書に基づいて製作するのが一般的である．不完全であっても仕様書どおりのものを製作できたら，支払いが行われる．

日本では，契約に対する考え方がゆるやかで，合意形成の覚え書きとしてとらえられている場合が多い．依頼者も，仕様からできあがりを想像することができない．その結果，合意に基づいて制作が行われ，できあがった結果を依頼者が見て，初

めて自分の要求したものとは違うものができあがってきたことに気づくのである．

このようにしてできたソフトウェア製品は，実用に耐えないために，修正が重ねられる．場合によったら大黒柱を切るようなことも行われるのである．

こうした状況は日本に特有なものではなく，1973 年にロンドン大学で描かれたイラストレーションが有名である（**図 20·1**）．ソフトウェアの応用領域の拡大とともに，この問題は世界中に広がっている．

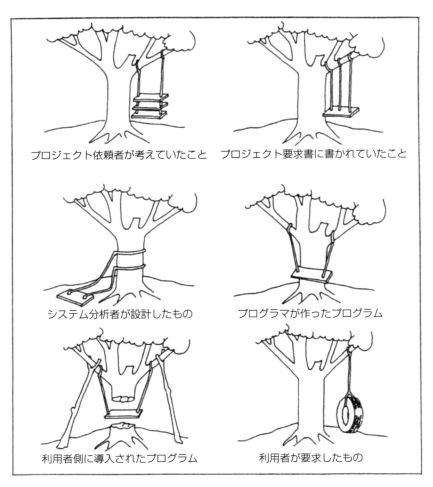

図 20·1　ソフトウェア開発の漫画
(University of London Computer Center Newsletter, No. 53, March, 1973 より)

20·4　お絵かきプログラム開発演習

20·4·1　表現と解釈の難しさを体験する演習

　ソフトウェアの開発プロセスをプログラミング技術なしで体験できる「お絵かきプログラム開発演習」を筆者（大岩）の研究室で開発した[3]．この演習の目的は，ソフトウェア開発におけるプログラミングの位置づけを理解し，ソフトウェア開発の過程で起きるコミュニケーションの問題を体験し，ソフトウェア開発プロセスの概要に触れることにある．この演習は学生がソフトウェア開発の全体像を理解することを助け，手順を論理的に記述することと，論理的な思考プロセスを踏むことへの意識を高める効果がある．

　この演習の中心となる活動は，要求を満たす絵を描くための日本語プログラムを作成することである．この演習での「プログラム」とは，仕事の手順を記述したもののことである．日本語で，絵を描く手順を書いた文書を日本語プログラムと呼ぶ．使われる言語は人間に対して使う普通の日本語である．

20·4·2　「お絵かきプログラム開発演習」とは

　お絵かきプログラム開発プロジェクトは，5名のメンバーで構成される．お絵かきプログラム開発プロジェクトに与えられる「問題」は「魅力的な絵を，誰でも正確に，期限内に描けるような日本語プログラムを開発する」ことである．

　プロジェクトは要求分析，設計，実装，テストの四つのフェーズで構成される．これらのフェーズは，施主（発注者），設計者，プログラマ，テスター（2名）が担当するが，すべて異なる人が作業を行う．各フェーズ間のコミュニケーションは書面でのみ行われ，それぞれのフェーズにおいては，時間期限も定められている．プロジェクト終了後には，メンバー全員がそれぞれの立場からプロジェクトの評価を行い，プロジェクトの成功や失敗について議論する．

20·4·3　プロジェクトのプロセス

　お絵かきプログラム開発プロジェクトは，図 20·2 に示したプロセスで進行する．ここでは「三日月」を描く日本語プログラムを開発するプロジェクトを例にとって，実際の成果物例（図 20·3）をあげながら説明する．

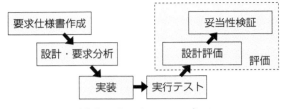

図 20·2 プロジェクトのプロセス

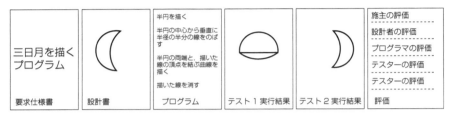

図 20·3 プロジェクトの成果物例

1. 要求仕様書の作成

施主が日本語で，どのような絵を描くプログラムが欲しいかを要求仕様書に書く．

2. 要求分析・設計

設計者が施主から要求を受け取り，要求を満たす絵を設計し，設計書に描く．必ず絵を描くことが条件である．日本語による説明などを加えてもよい．

3. 実　装

プログラマが設計者から設計を受け取り，設計された絵を誰でも，正確に，期限内に描けるようなプログラムを記述する．使用言語は日本語である．ここでは，日本語のみしか用いてはならない．

4. テスト

テスターが，プログラマが記述した日本語プログラムを解釈し，絵を描く．

プログラマによるプログラムの記述の良し悪しと，テスターによるプログラムの解釈の良し悪しを区別するために，2名のテスターによって一つのプログラムが検証される．人間がテストを行うため，同じプログラムでも解釈や読解力の差

によって違う実行結果が得られることが多い．

5. 評　価

プロジェクトメンバー全員がそれぞれの立場からプロジェクトの評価を行う．施主は要求を満たすものができたかを中心に評価し，それ以外のメンバーは成功や失敗の原因，改善点を考察する．評価の際にはプロジェクトの成果物をすべてまとめ，プロジェクトの全体像を見られるようしてから評価を行う．

この演習の運営方法はパッケージ化されており，説明書・ワークシートはお絵かきプログラム開発演習のホームページ[*1]からダウンロードできる．

20・5　ソフトウェア開発の実際

この節では，実際にソフトウェア開発に必要な技術の詳細は参考文献[1) 2)]にゆずり，その中で特に重要な図解を用いる技術を取り上げる．

20・5・1　要求分析から仕様作成へは図解が有効

KJ法（コラム（p.101）参照）はグループ作業で行うとメンバー相互間の理解が深まる．図解という論理によらない意味表現では，自分の直観に合わない配置を目ざとく見つけることができる．多くの場合，そこに書かれた用語の理解が相互にずれているために起こる現象であり，これについて議論することで，共通の意味理解が得られることになる．

合意形成の手段としても，図解作成は有効である．

20・5・2　設計には状態遷移図が有効

図20・4は，電話をかける場合の手順を示した流れ図である．プログラムは，流れ図で記述された手順のように行うことを明確に記述する必要がある．例えば，電話の流れ図では，話中であるかどうかで，行う行動が異なることが明示されている．

しかし，電話をかけるという状況を理解するには，この流れ図だけでは十分ではない．図20・5に示す電話の状態遷移図があると，さらに深い理解を得ること

[*1]　http://www.crew.sfc.keio.ac.jp/projects/2007DrawingProject

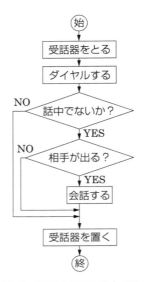

図 20·4 電話をかける場合の流れ図

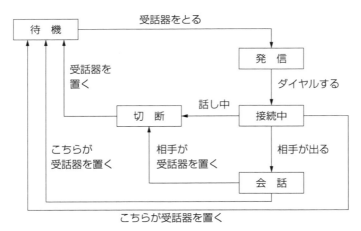

図 20·5 電話をかける場合の状態遷移図

ができる.

「待機」状態にある電話の受話器をとると,「発信」状態になる. この状態でダイヤルすると「接続中」状態になり, 話中であれば「切断」状態になって, 受話器を置くと「待機」状態に戻る. 相手が「話中」でなければ, 相手が電話に出ることで「会話」状態になる. 話し終わって受話器を置くと,「待機」状態に戻る.

また,「接続中」に相手が出ないときには,受話器を置くと「待機」状態に戻る.

状態遷移図に示されていないことをした場合は,無視される.例えば,相手が話中で「切断」状態にあるときには,ダイヤルしても意味がない.われわれは電話を使うことに慣れているので「切断」状態にあるときにダイヤルをすることはないが,携帯電話のように機能が複雑な場合には,状態を意識する必要が出てくる.例えば,文字を入力するには,通常の数字入力モードから文字入力モードに切り替える必要がある.この場合のモードは状態概念と同じである.

情報機器は,複雑な動作をするために,状態という概念が必要となる場合が多い.同じ操作を行っても,機器の状態が異なれば,反応は異なる.例えば,ワープロで日本語入力を行う場合,スペースキーで変換を行う場合を考えてみよう.変換モード(状態)でスペースキーを押せば,その前に入力されたカナテキストが漢字に変換されるが,変換を確定した状態でスペースキーを押すと,空白が入力される.

複雑な作業の指示を少数のキーで行うとすると,状態概念を使わざるをえなくなる.状態の設計が悪いと,使いにくいシステムになってしまう.情報機器を使いこなせない人が多いのは,状態設計が悪いことに原因がある場合が多い.

最近は,外部で起こる事象に応じて何をすべきかを記述する「事象駆動型プログラム」が一般に使われるようになってきた.この種のプログラムを書くときには,状態遷移図による設計を行わないと,いわゆる「フリーズ」を起こしてしまうような信頼性の低いプログラムになってしまう.

20·6　指導設計 (ID)

コンピュータと情報を用いて人間のために仕事をする情報システムを構築するには,上述のように要求分析,仕様作成,設計,実現,評価のプロセスを必要とする.近年利用が広がってきた電子学習(e-learning)システムの構築も,情報システムの一例と考えることができる.電子学習システムの構築に伴ってその必要性が日本でも認識されるようになってきたのが,指導設計 (ID) である[4)][5)].

指導設計 (ID:Instructional Design) は米軍が第二次世界大戦において兵隊に軍事技術を大量に短時間で訓練するための方法論として生まれたものである.米国においては,企業における教育で標準的に用いられる方法であるが,近年,日本においても教育効果を数値化できる方法として,注目されるようになった.

従来日本では，教育は教師が教科書を使って学習者にそれを教室で教えこむ過程であり，黒板の使い方，説明や発問の仕方などが教師の持つべき技術として考えられてきた．また，教育の評価は教科書の内容をどれだけ記憶しているかを調べることで行われるのが一般的である．

　しかし，教育は学習者に新たな能力を付与するために行うものであり，知識を覚えこむことは，その一部にすぎない．能力がついていれば，知識も覚えていることになるが，知識があるからといって能力がついているとは限らない．

　米国の企業教育のための方法論として発達してきた指導設計（ID）は，教育の過程をシステムとしてとらえる．システムは互いに関連する要素の集まりであり，各要素が相互に機能し合うことで，設定された目標を達成する．

　教育をシステムとしてとらえたとき，その構築はまず目標設定から始めることになる．また，学習者がどのような能力をすでに持っているかも決定しなければならない．そして，この出発点から目標までをどのように教育システムとして構築するかを考えるのが指導設計（ID）である．

　出発点と目標が決まれば，そこへ学習者が到達するために行う過程を設計する．まず行うのは，目標に到達したときに学習ができるようになったことを具体的に記述することである．次に，それができることをどのようにして評価するかの基準を作り出す．学習の評価尺度としては，例えば次の5段階が考えられる．

　レベル1：用語を聞いたことがある
　レベル2：概念の説明ができる（知識を理解している）
　レベル3：与えられた条件下で，知識を使って演習ができる
　レベル4：知識を応用できる
　レベル5：実世界における問題解決において，適切な知識を選び適用できる

　ここでいよいよ，教育の内容にとりかかる．それには，到達目標を達成するのに必要な事項を後ろから前へと到達点から出発点に遡って，作り出していく．こうしてできた教育システムは仮のものであり，それがほんとうに機能するかどうかを形成的評価によって調べる．

演習問題

問1 「プロジェクト」とは何かについて,どのような考え方があるか調査せよ.
問2 自分の使う文字入力システム(パソコン,携帯電話)の状態遷移図を作れ.
問3 5人の仲間と「お絵かきプログラム開発演習」をせよ.
問4 ソフトウェア開発の過程と,教育システム構築の過程を比較せよ.

参考文献

1) 玉井哲雄:ソフトウェア工学の基礎,岩波書店(2004)
2) (株)NTTデータソフトウェア工学推進センタ編著:実例で学ぶソフトウェア開発,オーム社(2008)
3) 荒木 恵,他:プログラミング教育への導入のための情報システム概念に基づくアンプラグドワークショップ,SSS2008情報教育シンポジウム論文集,pp.163-170,情報処理学会(2008)
4) W.ディック,他(角行之監訳):はじめてのインストラクショナルデザイン,ピアソン・エデュケーション(2004)
5) 鈴木克明:教材設計マニュアル,北大路書房(2002)

索　引

あ　行

アカデミックプレゼンテーション　131
アクティブラーニング　121, 132
アテンション　178
アニメーション効果　175
アルゴリズム　22, 62, 191

生きる力　26
いじめ　90
意思や意図の伝達　102
意味内容　194
依頼者　209
インターネット　105

ウイルス　108
ウイルスソフト　108

エチケット　83
エラー制御　106
エラトステネスのふるい　69
演出　94

黄金律　83
応用倫理　83
お絵かきプログラム開発演習　211
オーディエンス　94
オブジェクト指向　191
オペレーティングシステム　44
オンラインショッピング　112

か　行

会話　103
学習指導案　134, 145
学習指導要領　6
学習動機　36

画像　48
課題研究　22
可用性　108
関係データベース　75
関係モデル　75
観点別評価　36, 134, 141

機械語　44
記号内容　194
記号表現　194
記号論　194
疑似体験型教材　88
技術・家庭　17, 34
規範倫理学　83
キーボード　53, 188
機密性　108
教育　1
教壇実習　183
共働　127
協働　127
業務データベース　76
共有フォルダ　126

具体の評価規準　139
繰返し　67
クリティカルシンキング　33, 87, 92
クロスカリキュラム　6
クローラ　72

掲示板　90
計測　112
経路制御表　106
ケーススタディ　122
ケンカ　90
検索エンジン　72
検索語　72

検　定　13
検討会報告書　32

工業意匠権　85
構成的な教育　209
構造化プログラミング　63, 192
交通システム　111
交通手段の発達　103
校内共有サーバ　150
効率の良いプログラム　68
個人情報保護法　84
コノテーション　194
コマンド　53
コミュニケーション　2, 92, 102
コミュニケーション能力　33
コラボレーション　121, 127
コンテスト　13
コンテンツ構成　201
コンピュータ　6
コンピュータシステム　64
コンピュータリテラシー　16
コンピュータを使わない情報教育　66

さ　行

最大値問題　60
サウンド効果　175
索引による整理　71
産業教育審議会　7
参考資料　138

資格・検定試験　37
時間計測　201
自己評価　142
自然言語を用いたプログラミング　193
実物投影機　180
指導案　183
指導上の留意点　147
指導設計　215
指導と評価の一体化　141
指導と評価の計画　139
絞り込み　73

シミュレーション　56
氏名表示権　84
社会インフラ　111
社会と情報　20, 35
社　説　93
授業形式　182
授業のイメージングシミュレーション　183
巡回セールスマン問題　64
順次処理　65
生涯学習　187
仕様作成　209
状態概念　215
状態遷移図　65, 215
商標権　85
情　報　198
情報科　2, 6
情報科学　44
情報科教育法　2
情報活用の実践力　32
情報科の目標　8
情報が持つ構造　200
情報関係基礎　64
情報危機管理　88
情報技術　83
情報教育　1, 2, 12
情報系データベース　76
情報検索　70
情報コンテンツ開発　24
情報産業と社会　22
情報システム　110, 200
情報システムの開発　23
情報システムのデザイン　199
情報社会　2, 88
情報社会に参画する態度　10, 32
情報通信ネットワーク　105
情報テクノロジー　22
情報デザイン　23
情報と問題解決　22
情報の科学　21, 35
情報の科学的な理解　10, 32
情報の価値　70

情報の表現と管理　22
情報表現のデザイン　199
情報フルーエンシー　38
情報メディア　23
情報モラル　82
情報リテラシー　7, 35
情報倫理　82
情報倫理デジタルビデオ教材　88
情報 A　9, 21, 35
情報 B　9, 21, 35
情報 C　9, 21, 35
書画カメラ　180
触視打鍵　53, 189
調べ学習　121
ジレンマ　86
深層学習　76
侵　入　108
新　聞　99
新聞錦絵　95

図解化　101
スキーマ　75
スタイルシート　203
ストック　187
ストーリー展開　173
スライド　128, 173
スライドショー　172

制　御　112
整合性　108
セキュリティ　107
設計者　211
セーフティ　107
線形計画法　60
センサ　110
選択メニュー　200
専門教科　8, 12
専門教科「情報」　8

総合学習　120, 127
総合的な学習の時間　9, 16, 120, 127

相互評価　142, 177
相対情報量　199
素　数　68
ソフトウェア　49
ソフトウェア開発　213

た　行

確かな学力　26
タッチタイピング　53, 188
単元の評価規準　138

チェーンメール　90
知　識　186
中央教育審議会　7
抽象化　55
調査研究協力者会議　7
著作権法　84
著作者人格権　84

通信規約　105
つるかめ算　57

出会い系サイト規制法　85
ディープラーニング　76
テスター　211
テスト　211
データ　73, 198
データウェアハウス　76
データ構造　191
データ操作言語　75
データ抽象　191
データベース　23, 74
データマイニング　76
データモデル　75
哲学者　84
手続き的な処理　45
デノテーション　194
デバッグ　63
テレビ　93
テレビ CM　99
天気予報システム　110

電子学習　215
電子計算機　6
電子黒板　179

同一性保持権　84
特許権　85
ドメイン名　107
ドラッカー　186
ドリトル　49

な 行

流れ図　213

日本語　193
ニュース　93
ニュース番組　96

捏造　94
ネット中毒　91
ネットワークサービス　107
ネットワークシステム　23
ネットワーク上のコミュニティ　104
年間計画　137, 148
年間指導計画　148

ノウハウ　186
野口悠紀雄　187

は 行

バイト　199
バグ　51, 63
パケット　106
バックアップ　109, 115
パワーポイント　172
反転授業　121, 132
反復処理　67

光ファイバ　105
ピクセル　48
ビット　45, 199
評価　130

評価基準　136
評価規準　136, 139, 141
評価尺度　216
評価の進め方　140
表計算ソフト　59
表現メディアの編集と表現　23
剽窃　89

ファイアウォール　108
ファクシミリ　49
フィードバック　184
不完全な要求　209
複製権　85
符号化　49
不正アクセス防止法　85
ブータ―　187
普通教科　8
普通教科「情報」　8
ブートストラッピング　187
ブラウザ　205
ふりかえり　184
プレゼンテーション　128
フロー　187
プログラマ　211
プログラミング　62
プログラミング教育　190
プログラミング言語　191
プログラム　22, 49
プログラムによる計測・制御　18
プログラムの不具合　51
プロジェクタ　179
プロジェクト　208
プロジェクト学習　209
プロトコル　105
プロバイダ　105
プロバイダー責任法　85
プロパガンダ　92
分岐処理　65
文章題　56
分析する能力　97
分類による整理　71

平面デザイン　200

防火壁　108
報道番組　93
保守性　64
ポスターセッション　129
ボーダーレス　124
ボタン　200
ポートフォリオ　143
ホームポジション　189

ま　行

マイクロティーチング　183
マウス　53, 188
増田式　53, 188
マスメディア　92
マナー　84

ミドルウェア　74

矛盾　86

メディア　92
メディアリテラシー　33, 92, 148
メール　107

目視打鍵　53
目標設定　216
文字コード　45, 48
文字の数値表現　47
文字の発明　103
モチベーション　36
モデル化　56
モデル化とシミュレーション　25
モラル　84
モールス信号　48
問題解決　54, 55
問題解決能力　27

や　行

やらせ　94

有限オートマトン　65
ユーザーインターフェイス　200
ユーザーエクスペリエンス　200
ユネスコの情報教育提案　192

要求　209
要求分析　209
四つの観点　134

ら　行

ライフライン　115
ラジオ　93
ラジオボタン　200

リスク　115
立体デザイン　200
リハーサル　175
利用アカウント　150
リンク　206
倫理　83

ループ変数　67
ルール　84

ロボット　72
ロールプレイング型　88
論理構造と物理表現の分離　203

わ　行

ワークシート　150

英数字

BASIC　58
B2B　111
B2C　111

CM分析　96

DBMS　74
DNS　107
DSL　105

HTML　203

ID　215
IP アドレス　106

JavaScript　60

KJ 法　213

LAN　105

OS　44

PEN　64
PISA 調査　27
POS システム　111

POS データ　76

SCM　111
SQL　74

URL　205

WAN　105
Web アプリケーション　206
Web サーバ　205
Web ページ　72
WWW　107, 205

2 進法　45
5W1H　173

監修者・執筆者略歴

久野　靖（くの　やすし）
- 1984 年　東京工業大学大学院理工学研究科博士課程単位取得退学
- 1986 年　理学博士
- 現　在　筑波大学名誉教授
　　　　　電気通信大学情報理工学研究科教授

辰己　丈夫（たつみ　たけお）
- 1993 年　早稲田大学大学院理工学研究科修士課程修了
- 2014 年　筑波大学大学院ビジネス科学研究科博士後期課程修了
- 2014 年　博士（システムズ・マネジメント）
- 現　在　放送大学情報コース教授

大岩　元（おおいわ　はじめ）
- 1965 年　東京大学理学部物理学科卒業
- 1971 年　理学博士
- 現　在　慶應義塾大学名誉教授

小原　格（おはら　つとむ）
- 1992 年　東京学芸大学教育学部特別教科教員養成課程数学科専攻卒業
- 2014 年　放送大学大学院文化科学研究科自然環境科学プログラム修士課程修了
- 現　在　東京都立町田高等学校指導教諭
　　　　　青山学院大学および電気通信大学非常勤講師

兼宗　進（かねむね　すすむ）
- 2004 年　筑波大学大学院ビジネス科学研究科博士課程修了
- 2004 年　博士（システムズ・マネジメント）
- 現　在　大阪電気通信大学工学部電子機械工学科教授

佐藤　義弘（さとう　よしひろ）
- 1987 年　東京学芸大学教育学部中等教育教員養成課程数学科専攻卒業
- 現　在　東京都立立川高等学校主任教諭
　　　　　津田塾大学非常勤講師

橘　孝博（たちばな　たかひろ）
- 1984 年　早稲田大学理工学研究科博士課程修了
- 1984 年　理学博士
- 現　在　早稲田大学高等学院教諭
　　　　　早稲田大学教育学部兼担講師
　　　　　理工学術院総合学研究所研究員

中野　由章（なかの　よしあき）
- 1990 年　芝浦工業大学大学院修士課程終了
- 2002 年　技術士（総合技術管理・情報工学）
- 2011 年　大阪大学大学院人間科学研究科博士後期課程単位取得
- 現　在　神戸市立科学技術高等学校教諭
　　　　　大阪電気通信大学客員准教授

西田　知博（にしだ　ともひろ）
- 1991 年　大阪大学基礎工学部情報工学科卒業
- 1996 年　大阪大学情報処理教育センター助手
- 現　在　大阪学院大学情報学部准教授

半田　亨（はんだ　とおる）
- 1983 年　早稲田大学理工学部卒業
- 現　在　早稲田大学本庄高等学院教諭

- 本書の内容に関する質問は，オーム社ホームページの「サポート」から，「お問合せ」の「書籍に関するお問合せ」をご参照いただくか，または書状にてオーム社編集局宛にお願いします．お受けできる質問は本書で紹介した内容に限らせていただきます．なお，電話での質問にはお答えできませんので，あらかじめご了承ください．
- 万一，落丁・乱丁の場合は，送料当社負担でお取替えいたします．当社販売課宛にお送りください．
- 本書の一部の複写複製を希望される場合は，本書扉裏を参照してください．

JCOPY ＜出版者著作権管理機構 委託出版物＞

情報科教育法（改訂3版）

2001年 5月10日		第1版第1刷発行
2009年 2月25日		改訂2版第1刷発行
2016年 8月25日		改訂3版第1刷発行
2023年11月20日		改訂3版第4刷発行

監 修 者　久野　靖
　　　　　辰己丈夫
発 行 者　村上和夫
発 行 所　株式会社 オーム社
　　　　　郵便番号　101-8460
　　　　　東京都千代田区神田錦町3-1
　　　　　電話　03(3233)0641(代表)
　　　　　URL　https://www.ohmsha.co.jp/

© 久野　靖・辰己丈夫 2016

印刷・製本　小野高速印刷株式会社
ISBN978-4-274-21920-7　Printed in Japan